基于水稳定同位素的黄土高原典型植物根系吸水深度研究

郑利剑 著

中国水利水电出版社

www.waterpub.com.cn

·北京·

内 容 提 要

探究黄土高原典型植物的根系吸水深度变化对于实现区域农业节水化和水资源精细管理具有重要意义。本书引入水稳定同位素技术来分析灌溉条件下苹果树和冬小麦的根系吸水深度变化，在总结该技术研究根系吸水过程相关原理的基础上，通过研究水稳定同位素技术量化根系吸水深度中的潜在分馏机制，明确合理获取植物和土壤同位素信息的方法，最终将水稳定同位素技术应用于量化不同灌溉方式下苹果树的根系吸水深度以及不同灌溉深度下冬小麦的根系吸水深度。

本书可作为水利、农业等行业的科研人员、工程技术人员和相关专业研究生参考使用。

图书在版编目（CIP）数据

基于水稳定同位素的黄土高原典型植物根系吸水深度研究 / 郑利剑著. -- 北京 : 中国水利水电出版社, 2022.5

ISBN 978-7-5226-0605-7

Ⅰ. ①基… Ⅱ. ①郑… Ⅲ. ①黄土高原－植物－根系－水吸收－研究 Ⅳ. ①Q944.54

中国版本图书馆CIP数据核字(2022)第056589号

书　　名	基于水稳定同位素的黄土高原典型植物根系吸水深度研究 JIYU SHUI WENDING TONGWEISU DE HUANGTU GAOYUAN DIANXING ZHIWU GENXI XI SHUI SHENDU YANJIU
作　　者	郑利剑　著
出版发行	中国水利水电出版社 （北京市海淀区玉渊潭南路1号D座　100038） 网址：www.waterpub.com.cn E-mail：sales@mwr.gov.cn 电话：（010）68545888（营销中心）
经　　售	北京科水图书销售有限公司 电话：（010）68545874、63202643 全国各地新华书店和相关出版物销售网点
排　　版	中国水利水电出版社微机排版中心
印　　刷	天津嘉恒印务有限公司
规　　格	170mm×240mm　16开本　13印张　255千字
版　　次	2022年5月第1版　2022年5月第1次印刷
定　　价	68.00元

前　言

　　黄土高原是我国苹果栽培的优质生产基地之一，也是我国冬小麦的主要产区。但该区域内水资源紧缺、干旱和水土流失问题可能在同一年内交替发生，自然降水的时空分布与冬小麦和苹果树的需水规律往往不一致，易出现春旱、伏旱和冬旱。因此，发展冬小麦和苹果树节水灌溉技术受到了高度重视，国内外研究者相继提出了一系列新型节水灌溉方法和技术，以达到提升植物抗旱能力和提高水资源利用效率的目的。但究竟如何制定高效的节水灌溉策略，仍需深入研究不同灌溉条件下植物水分迁移规律。

　　根系吸水是水分在植物根-土界面运移的起点。由于根系吸水而产生的土壤水分迁移变化，是水分在土壤-植物系统中迁移的关键过程，会对植物生长产生影响。而随着水稳定同位素技术的不断发展，使得从生理和分子角度量化根系吸水深度成为可能。植物根系能够利用的水分主要来自大气降水、地下水、灌溉水和土壤水，这些不同水源均会经迁移、吸附等物理化学过程转化为不同土层的土壤水，最终被植物根系所吸收利用，且植物根系在吸收土壤水分的过程中一般不发生同位素分馏。基于此原理，通过分析植物木质部和不同土层中的水稳定同位素比值，能够指示根系吸水深度的变化情况。

　　目前，国内外相关研究者已经就不同森林、荒漠、草原和湿地等生态系统中的乔木、灌木以及草本植物的根系对不同深度土层的土壤水的吸收情况做了大量研究，发现落叶植物的根系吸水层位受土壤水分变化和根系分布的影响，且随季节和水源稳定性的变化而发生不同程度的改变。而在农林生态系统，已利用水稳定同位素技术在大田作物（如小麦、玉米、棉花、水稻、油菜、冬瓜、青稞以及花生）和果树（如樱桃、葡萄、枣和苹果）中进行了相关研究，表明该技术具有在黄土高原特殊气候环境下研究不同灌溉模式对植物根系吸水深度影响的潜力。

其中，获取准确的稳定同位素信息是利用该技术的前提条件。在选择合理的植物和土壤样品采样点基础上，需采用物理或化学方法将植物和土壤水提取，才能最终利用稳定同位素技术进行分析。而如何在提取过程中避免发生人为分馏以获得准确的同位素信息，是易于被研究者忽视但又极其重要的基础研究。同时，水稳定同位素的测试技术已逐步由同位素质谱仪（IRMS）向同位素激光光谱仪（IRIS）转变，相关研究者在 IRIS 测试方法的精准性、光谱污染和记忆效应等方面做了大量工作，而在实际操作过程中，其样品存放时间过长所导致的蒸发分馏以及测针次数过多的问题易被忽略，这可能导致测试结果有所偏差。在此基础上，选用合理的同位素统计分析方法是利用该技术的有力保证。目前，研究根系吸水层位的方法主要有两大类型：一类是定性判断，通过直接计算根系吸水深度来定性描述吸水层位的变化，以直接推断法和 Romero-Saltos 模型为主；另一类是定量分析，通过描述不同土层土壤水对根系吸水贡献率的大小来确定吸水层位，如 IsoSource、耦合模型、MixSIR、SIAR、SISUS、MixSIAR 和 PBM 模型。但不同分析方法的准确性仍有待深入研究。

综合上述分析可知，水稳定同位素技术正被逐渐用于植物根系吸水的定量研究中，对于揭示植物-土壤水分迁移机制具有举足轻重的作用，其在不同灌溉处理下如何影响黄土高原植物的根系吸水深度需进一步研究。

本书在国家自然科学基金项目（51579618、52109061）、山西省研究生教育创新基金项目（2016BY065）以及山西省水利发展中心技术服务项目（JSF-NS-F21001）的支持下，利用水稳定同位素技术，量化了黄土高原典型植物苹果树和冬小麦根系吸水深度变化，以期为黄土高原植物高效节水灌溉提供理论依据。

在本书编写过程中，得到了"节水新技术与水资源高效利用"山西省重点科技创新团队的孙西欢教授、马娟娟教授、周义仁教授、郭向红教授和李永业副教授的大力支持，在此表示衷心的感谢。

感谢研究生郭飞、王兵、安江龙、张亚雄、李蕊、柴梦滢、陈倩秋、王璞、蔡尚彬、孙瑞峰、张人天、高娟、李嗣艺、马丽等对本书研究的相关工作所做出的贡献。

感谢研究生李旭峰、许全悦、赵锦江、郭勇、陈瑞霞、郭佳昌、常艺睿对本书校对所做出的贡献。

本书参考和引用了许多专家、学者的文献，在此对他们表示衷心的感谢。

由于作者水平有限，书中难免有不足之处，敬请读者和专家多加批评指正。

作者

2022 年 2 月

目 录

前言

第 1 章

基于水稳定同位素的根系吸水深度研究原理

利用一种新技术研究根系吸水深度，需明确该技术的基本原理、适用性和准确性。因此，本章主要在介绍稳定同位素样品采集、制备和分析方法等全过程的基础上，梳理基于水稳定同位素技术研究植物根系吸水深度的基本原理和方法，为后续研究相关关键过程的潜在分馏以及具体应用提供基础。

1.1　水稳定同位素基本概念

同位素是指具有相同的质子数而中子数不同的同一元素的不同原子。不同的同位素在书写上的区别，是在它们元素符号的左上角标出它的质量数。同时，这也一般用来区分稳定同位素与放射性同位素。较放射性同位素而言，稳定同位素基本不发生或极不易发生放射性衰变，但是它本身却有可能是放射性同位素衰变产生的。

组成水分子的氢原子和氧原子，既包含稳定同位素也包含放射性同位素。自然界氢元素和氧元素均有三种同位素，分别为 ^1H、^2H、^3H 以及 ^{16}O、^{17}O、^{18}O，但 ^3H 属于放射性同位素。剩余其他的水稳定同位素相互之间可以结合形成九种稳定水分子，但只有其中的三种（$^1H_2{}^{16}O$、$^1H_2{}^{18}O$、$^1H^2H^{16}O$）容易测得其浓度。

多数水稳定同位素是由高丰度的一种与低丰度的一种或两种混合而成。表1.1 为自然界水稳定同位素丰度值。

自然界中水稳定同位素的含量极低，要用绝对丰度来表达同位素之间的差异十分困难，所以同位素含量通常用相对千分差 δ 来表示：

$$\delta = (R_{sample}/R_{standard} - 1) \times 1000/R_{standard}(‰) \tag{1.1}$$

式中：R_{sample} 为样品中元素的重轻同位素丰度比（如 $^2H/^1H$，$^{18}O/^{16}O$）；$R_{standard}$ 为国际通用标准物的重轻同位素丰度比。

表 1.1   自然界水稳定同位素丰度值

元素	水稳定同位素	丰度/%	元素	水稳定同位素	丰度/%
H	^1H	99.99	O	^{16}O	99.76
	^2H	0.01		^{17}O	0.04
				^{18}O	0.20

δ 值的正负表示样品比率相对标样的高低，正值表示样品比率高于标样的比率（即产生同位素富集），负值正好相反（即产生同位素贫化）。

因 δ 是相对于某一标准物而言，因此选择合适的标准物尤为重要。国际通用的标准物经过了多年的研究发展：研究者提出了一个假想的 SMOW 标准物（Standard Mean Ocean Water，平均海洋水），对于 SMOW 样品，$\delta^2H = 0‰$，$\delta^{18}O = 0‰$，但是它不是真实存在的一种水样，所以它不能直接用来校正试验测量结果。针对这一问题，国际原子能机构（International Atomic Energy Agency，IAEA）建议采用两种新的参考标准物：一种是数值上接近 SMOW 的 VSMOW（Vienna Standard Mean Ocean Water，维也纳平均海洋水）标准物；另一种是自然界可以检测到的接近最低下限的高度贫化水样 SLAP（Standard Light Antarctic Precipitation，南极冰雪样）标准物。表 1.2 表示了两种标准物同位素丰度比及其转化关系。

表 1.2   两种标准物同位素丰度比及其转化关系

VSMOW	SLAP
同位素丰度比	转化关系
$(^2H/^1H)_{VSMOW} = (155.76 \pm 0.05) \times 10^{-6}$	$\delta^{18}O_{SLAP} = -55.5‰\ VSMOW$
$(^{18}O/^{16}O)_{VSMOW} = (2005.2 \pm 0.45) \times 10^{-6}$	$\delta^2H_{SLAP} = -428.0‰\ VSMOW$

1.2   植物和土壤取样策略

获取具有代表性和合理性的植物和土壤样品，是应用水稳定同位素进行根系吸水深度研究的基础。由于本书的相关研究并未采用最新的原位在线分析植物茎秆水和土壤水稳定同位素的技术（Beyer 等，2020），因此，明确合理的植物和土壤的野外取样策略显得十分重要。

1.2.1   植物取样策略

1. 采集部位

采集部位主要采集植物茎部位的样品，对于一年生的大田作物而言，需尽可能采集植物根茎结合处的非绿色部分；而对于果树等多年生植物则尽量避开顶端和叶脉连接部分，采集非绿色、无破损、木质化的枝条。因为这些部位和器官没有气孔，不会因蒸腾作用而导致植物木质部水分产生同位素分馏（林光辉，2013）。

2. 采样量

采样量应根据植物体的含水量而有所差异，需做预试验或采用烘干法测定待测样品的含水量情况以确定合理采样量。一般以能够提取 0.1～1mL 水为宜（如苹果树取 1～3cm 长的枝条 1～3 支，冬小麦取 3～4 节 1cm 左右的根茎连接部位），不宜过多或过少。样品过多将导致抽提时间过长，并容易造成抽提不完全而影响结果；而过少则可能难以获得足够的水分以供水稳定同位素分析仪测定。

3. 采集时间和采集方式

采样时间尽可能避开阳光直射或暴晒时段进行分生育期或逐月采集，宜选在湿度、温度较低的早上或傍晚进行，采样过程应佩戴无尘手套并迅速完成，对于枝条样品应利用刮皮刀将树皮去除。

4. 样品存放

采集样品应于暗光下放于样品瓶中并立即用封口膜密封，编号（标明取样时间、地点和处理方法）后置于−20℃下冷冻保存。

1.2.2   土壤取样策略

1. 采集部位

采集土壤样品时，需根据研究目的采集不同深度和不同位置的样品。遵循的基本原则是采集根系集中的土层，其中，浅层土壤尽量划分得细一些（注意不要采集暴露于空气中的表层土壤，应采集表层 2cm 以下的土壤），深层土壤样品可适当划分得粗一些。或者根据根系分布和土壤水分分布情况，进行土层深度的划分。

2. 采样量

和植物样品类似，土壤采样量应根据土壤含水量的不同而不同，需提前采用烘干法测定待测样品的含水量情况以确定采样量。一般每层土体混合均匀后的采集量应能装满样品瓶。

3. 采集时间和采集方式

土壤样品采集时间应与植物样品尽可能保持一致，需设置两个土壤采样器（专用土钻），一个用来采集浅层土壤，一个用来采集深层土壤，在将每一层采集的土壤样品去除表层、底部以及与取土器接触的土体后，将剩余土壤装满于样品瓶中并立即用封口膜密封。

4. 样品存放

样品瓶编号（标明取样时间、地点和处理方法）后置于−20℃下冷冻保存。土壤样品运输过程中应保证全程避光、冷冻。

1.3 水稳定同位素测试样品制备方法

在野外采集相关样品后，需通过一定方法将样品中的水提取出来，且在提取的过程中不发生同位素分馏。经过国内外相关研究学者的不断研发和改善，主要提取水样方法有：共沸蒸馏技术、离心分离法、高压机械挤压法、水汽平衡法、锌的微量蒸馏、低温真空蒸馏、氢气吹扫提取法和微波蒸馏等。不同的方法有不同的操作步骤和限制条件，而根据具体的试验条件以及试验分析结果的精度要求选择合理的抽提方式至关重要。

1.3.1 共沸蒸馏技术

在 20 世纪 70 年代，共沸蒸馏技术首先被 Brown 和 Allison 用以提取土壤水进行稳定同位素分析（王涛等，2009）。共沸蒸馏是利用共沸物的沸点明显低于水与溶剂的沸点，以甲苯为例，共沸混合物的沸点为 84.1℃，而水与甲苯的沸点分别为 100℃和 110℃。共沸物在室温下冷却后，产生分层且浮于水面上，这样就可以通过收集装置在较低温下将水和共沸物分离。一般提取过程步骤为：先将土样或者植物样放在萃取装置中，利用选取好的溶剂浸泡样品，对于植物样品，必须全部压碎且浸泡液足够以保证整个过程的进行。然后逐步升温加热，当达到共沸物的沸点时，共沸物蒸发。最后共沸物在室温条件下经过漏斗再次冷凝，进而收集到从样品中分离的水样。共沸蒸馏的共沸物一般使用苯、甲苯、二甲苯、石油醚、正己烷、煤油等有毒物质。张丛志等（2008）提出从不同提取溶剂对土壤水提取效率和溶剂消耗量来看，二甲苯可能是最优提取剂。

1.3.2 离心分离法

1907 年，由 Briggs 等提出离心分离法提取土壤水的可能性，Davies 等（1963）对该方法进行了详细试验，表明利用该方法提取土壤水较为简便易行。离心分离法的基本要求和原理是：土样必须是均质土样，植物样品必须经过压碎处理，然后将样品装入离心管中，利用高速旋转的仪器设备，产生超过土壤毛细管张力的压强和不溶于水的有机溶液，使土壤水从土壤孔隙中分离出来。Whelan 等（1980）研究得出，除黏性土外，土壤水溶液在 30min 内、加速度为 170km/s^2 的情况下，利用四氯乙烯作为取代液可以有效地分离出土壤水。耿清国等（1996）利用该方法在设置不同的抽提时间梯度（10～340min）下得出，不同状态土壤水的最短完全提取时间为2h。研究表明，土壤样品含水量较低时，应用该方法进行同位素分析可能造成结果有所误差。

1.3.3 高压机械挤压法

高压机械挤压法的原理相对简单，类似于离心分离法，采用物理加压的方法将植物和土壤样品的水排出，并通过滤网装置收集滤液。常见的机械挤压系统包括不锈钢腔体、多孔过滤孔板和不锈钢加压活塞三部分构成。对于土体而言，在机械挤压前，可利用低温筛分的方法将土体破碎，便于挤压。常在加压24h后收集全部滤液，并利用0.45μm的滤头进行再次过滤后待测。

1.3.4 水汽平衡法

水汽平衡法是基于光谱法间接测定植物或土壤水的方法，其基本原理为：将植物或土壤样品置于等温封闭的空间内，在控制一定温度和保证密封性下，封闭空间顶空的水汽将达到水汽同位素平衡状态，通过对比标准样（水样袋）和待测样的顶空水汽浓度和同位素比值，即可分析出植物或土壤水的同位素比值。

在实际操作中，需称取一定量的植物或土壤样品，将其置于密闭袋中并用干燥空气充满测样袋，于室温条件下静置24h，待其内部水汽平衡后，用光谱仪测定其内部空气和标准样品的水汽浓度，根据水汽浓度差异换算出对应植物样和土样的同位素比值（Millar等，2018）。所以在利用该方法获得同位素测试样品前，配置已知同位素比值的不同标准水样或者植物和土壤样品进行系列测定显得尤为重要。

1.3.5 锌的微量蒸馏

锌的微量蒸馏原理是将少量的土壤样品放在含高纯度的锌的容器中，分别把锌加热到450℃左右，把土壤样品加热到100~200℃，在高温加热时，产生的水蒸气被纯锌还原为氢气，从而进入质谱仪进行测试分析。该技术只需要100~300mg的土壤样品就可以进行^{2}H同位素组成测试。锌与水蒸气反应测试氢稳定同位素组成所需时间为30~40min。金德秋等（1988）采用锌还原封管法，将10μL水样与0.2g金属锌在450℃下完全反应转化成氢气，并用VG-ISRA-24型质谱仪对不同类型的标准样进行了分析，其精度在±1‰以内。该方法有操作简便、快速、没有记忆效应等特点，但因其工作原理，只能够测土壤水中氢稳定同位素组成。

1.3.6 低温真空蒸馏

低温真空蒸馏依据瑞利分馏的基本原理进行水样的获取，其一般流程为：将抽提装置利用真空泵保持在真空状态，样品置于试管中，利用加热套或水浴等方式对试管进行加热，水分在蒸发作用下形成水汽，热的水汽通过浸泡在液氮中的收集管中冷却和重新凝结，待收集到水样解冻后分析测试。在整个水汽蒸发—凝结的过程中，收集管中水稳定同位素值的变化遵循瑞利分馏曲线，水分必须完全抽提以取得未分馏的水样，但这往往需要 1～16h。但也有研究表明，样品水样不需长时间完全蒸馏即可。就砂土而言，收集 98% 的水分已经可以达到收集的水样同位素不发生同位素分馏的目标。

West 等（2006）提出了一种至今仍应用广泛的真空抽提装置，并用以抽提土壤水与植物水，其通过分析抽提时间曲线确定了最短抽提时间，植物茎水的平均最短时间是 60～70min、黏土需要 40min、砂土需要 30min。在此基础上，本书总结了部分研究土壤水抽提时间的相关文献，由此可见，不同的抽提时间、加热温度、填充物、真空度以及含水率范围等抽提条件，均可能影响制备水样的稳定同位素信息（表 1.3），Wen 等（2021）通过研究不同含水率和土壤质地的抽提过程，建立了真空抽提的真值校准方程；但也有部分学者认为同位素提取方法对根系吸水深度的结果无显著影响。

综上所述，由于真空蒸馏技术提取出来的土壤水是纯水，不含其他气体以及化学物质，较其余方法而言，有利于减少无关物质对分析水稳定同位素值时产生影响。目前，国内外主流应用的抽提方法为低温真空蒸馏法（Cui 等，2020）。同时，由于传统的低温真空抽提装置在自动化、操作性和真空度保持上存在一定缺陷，国内机构率先研发了自动化的真空提取系统（LI-2100 Pro），其基本原理仍为低温真空蒸馏，采用加热单元和压缩机制冷的方式，整个过程在控制系统监控下自动完成，能够在无人值守状态下实现水分快速获取。

1.3.7　氦气吹扫提取法和微波蒸馏

氦气吹扫提取法的原理与真空抽提类似，不同之处是前者并不是通过真空抽提而是以氦气流作载气携带水蒸气经过液氮冷却收集的。这种方法有效地提高了样品制备的效率，同时简化了抽提过程，土壤基质在惰性气体的冲扫下会更快地干燥，运动的气流通过动能的转移使土壤水更快脱附出来。土样加热到95℃时，氦气流能有效完全地转移水蒸气，但同时也会携带出其他气体。Ignatev 等（2013）运用该方法提取土壤水，得出黏土样充分提取时间是180min，δ^2H 和 $\delta^{18}O$ 的精度分别为 0.7‰ 和 0.08‰，相关系数分别是 0.9926和 0.9939。该方法对抽提低含水量和低渗透性土时有较高的精确度。微波蒸馏的方式也类似于真空抽提的基本原理，只是加热方式改变为微波加热。常采用300W 的微波照射待提取样品 15min（相当于加热温度为 60～80℃）后，用干燥的气体作为载体将蒸馏出的水汽输送至冷阱装置中进行水样的采集。进一步，蒸馏出的水汽可直接输送至光谱仪中进行水稳定同位素的测定。

表1.3 部分低温真空抽提研究

文献信息	West等(2006)	Vendramini等(2007)	Koeniger等(2011)	Goebel等(2012)	Orlowski等(2013)	Ignatev等(2013)	孙江等(2012)
测定方法	IRMS	IRMS	IRMS	IRIS	IRIS	IRMS	IRMS
真空度	8Pa	1.3Pa	3.07Pa	13Pa	0.3Pa	氦气	0.5Pa
加热温度	100℃	100℃	90℃	100℃	90℃	95℃	105℃
冷却温度	-196℃	-25℃	-196℃	-210℃	-196℃	-196℃	-196℃
瓶口填充物	玻璃棉	金属网筛	硅胶隔膜	玻璃棉	羊毛	—	真空封脂
土壤类型	砂土、黏土	—	砂土、粉砂土、粉砂黏土	砂质黏壤土	粉砂土、填砂土、黏壤土	—	—
土样制备	干70℃烘干,添加一种已知稳定同位素值的水	—	三种土质110℃烘干24h至添加已知持水量含水率(三种土质含水率同位素值不同,水的$\delta^{18}O$和δD跨度分别为21‰和165‰)	于225℃干燥24h,过2mm筛,称10g土,添加1mL水	105℃烘干24h,过2mm筛,种入已知稳定同位素值的水(自来水,当地降水(溪水,当地)稳定24h	干土添加已知同位素值的水	105℃烘干的30g沙漠沙,添加已知氢氧稳定同位素值的水样
含水率范围	田间持水量(质量含水率)	石英棉和1mL水进行试验	4.8%、7.0%、8.9%~12.6%(质量含水率)	1mL水	20%(质量含水率)	5g 三样添加 0.2mL、0.4mL 和 1mL水	10%
抽提时间范围	砂土0~100min,黏土0~180min	2h、4h、6h和8h	2.5min、5min、7.5min、10min、15min、20min、40min	4~90min	15min、30min、45min、60min、120min、180min	15min、40min、60min、90min、120min、180min	4min、8min、12min、16min、20min、25min、30min
最短抽提时间	砂土30min、黏土40min	360min	15min	砂质黏壤土30min	60min	黏土180min	砂土20min

注 IRMS指质谱仪测定；IRIS指光谱仪测定。—为文献中未提及。

7

1.4 水稳定同位素样品的分析方法

1.4.1 质谱仪

质谱仪（Isotope ratio mass spectrometry，IRMS）是一种测量同位素丰度的有效方法，它可以根据带电原子或分子的质量以及它们在电场或磁场的运行轨迹分离不同的同位素（曹亚澄，2018）。质谱仪主要由四个部分：进样系统（注射样品及标样）、离子源（电子轰击分子转变为离子）、质量分析器（记录离子的质量）和离子检测器（分析质荷比）组成，还包括真空系统、数据处理设备等辅助系统。样品分子在离子源中被电离成带电的离子，然后离子在磁场磁极间加速，最后根据它们的质荷比发生不同程度的偏转，从而确定出不同同位素比值。

1.4.2 光谱仪

光谱仪（Isotope ratio infrared spectroscopy，IRIS）工作原理与质谱仪原理主要不同之处在于，它是基于连续波长的红外波谱被待测气体吸收之后产生的红外吸收光谱特征来定量检测待测气体含量。基于这种原理开发的成熟的光谱技术主要有以下三种：第一种是离轴积分震腔输出光谱技术（Off - Axis ICOS），主要用于测定水稳定同位素与 CO_2 中的稳定同位素组成；第二种是光腔衰荡光谱技术（CRDS），主要用来测定水稳定同位素与气体中的稳定同位素组成；第三种是可调谐二极管激光吸收光谱技术，可以用来同时观测水汽及 CO_2 中的稳定同位素组成。

光谱仪相较质谱仪有以下优点：①便于野外携带，实时测样；②同时测定 $\delta^2 H$ 和 $\delta^{18} O$ 的同位素比值；③操作方法简便，成本低。但由于样品中有机质和盐分含量等造成的光谱仪的光腔污染问题，需引起足够重视。

1.5 基于水稳定同位素的根系吸水深度量化方法

植物木质部水分的同位素比值是不同水源水分同位素混合的结果。通过分析对比植物木质部水稳定同位素比值与各种水源的同位素组成，可以确定植物吸水深度以及不同水源相对贡献率大小。国内外分析植物分水源方法经过多年的发展，应用较多的主要有二源三源线性混合模型、直线推断法、耦合模型分析、吸水深度模型、IsoSource 多元线性分析模型和贝叶斯统计模型等。

1.5.1 二源三源线性混合模型

线性混合模型主要基于质量平衡方程，当植物水源有二种可能时，利用 δD 或 $\delta^{18}O$ 列式求解贡献率为

$$\delta D_{stem} = p_1 \delta D_1 + p_2 \delta D_2 \text{ 或 } \delta^{18}O_{stem} = p_1 \delta^{18}O_1 + p_2 \delta^{18}O_2 (p_1 + p_2 = 1) \quad (1.2)$$

当植物有三种可能水源时，依靠二种同位素列出方程，计算得出植物对每种水源利用比例的唯一值为

$$\delta D_{stem} = p_1 \delta D_1 + p_2 \delta D_2 + p_3 \delta D_3 \quad (1.3)$$

$$\delta^{18}O_{stem} = p_1 \delta^{18}O_1 + p_2 \delta^{18}O_2 + p_3 \delta^{18}O_3 (p_1 + p_2 + p_3 = 1) \quad (1.4)$$

利用二源或三源线型混合模型来计算植物对各潜在水源的贡献率，因其本身方程约束，故只需采集少量植物组织的木质部和少量各潜在水源的土样。这避免了传统方法取样困难、测定结果不精确、工作量较大等缺点。该模型是研究潜在水分来源较少的常用方法，但该模型未考虑不同水源同位素值差异大小对结果的影响，无形中增加了植物对各潜在水源贡献率的不确定性，所以各水源同位素之间越小的差异会导致越大的计算结果与真实情况的偏差。降低计算结果不确定的方法主要有两种：一种是人为标记添加高丰度同位素，进而增大各潜在水源之间同位素的比例差异；另一种是增大各水源样本采集数量，弱化或降低水分的空间异质性以及系统误差，但这些均和方法本身的优势有所冲突。

1.5.2 直线推断法

直线推断法基于一个基本假设，即作物主要利用某一层或几层确定深度的土壤水，而不是各个深度土壤水的混合。在这种假设下，当植物茎秆同位素值与土壤剖面不同深度同位素值只有一个交点时，该交点即为植物主要土壤水利用深度；当交点有多个时，需综合考虑土壤 δD 和 $\delta^{18}O$ 剖面交点的一致性，或利用其他信息，如土壤体积含水率或土水势，判断交点是否合理。

具体做法是：在直角坐标中找到植物茎水稳定同位素值代表的垂线与不同深度土壤水稳定同位素曲线的交点，该交点所处的深度就可视为植物根系吸水的主要位置；当有多个交点时，可以选取 δD 和 $\delta^{18}O$ 剖面相同或相近深度的交点，或者交点位置土壤含水率或土水势较高的一方。直线推断法可以直接得到植物的主要吸水深度，但这种方法排除了植物体内水分是由不同土层土壤水混合而成的可能性。该方法对土壤剖面同位素信息的连续性和代表性要求较高，且结果受方差的影响较大（Rothfuss 等，2017）。

1.5.3 耦合模型分析

耦合模型是张丛志等（2012）提出的线性模型与 $\delta D - \delta^{18}O$ 曲线耦合的新方

法，该方法进一步考虑到距离的矢量性，提出了将不同水源进行分组，即顶端组与末端组，假设组内水源与植物茎水同位素成反比（即二者越接近，贡献率越大），推求组内不同水源贡献率（P_{top}、P_{end}），最后得到不同水源在植物各生育期的贡献率。具体做法是：

首先，根据 $\delta D - \delta^{18} O$ 曲线修正 δD 值，然后将全部水源分为两组：一组为顶端组，其土壤水稳定同位素值 $\delta^{18} O_{top}$ 高于植物茎水稳定同位素 $\delta^{18} O_w$；另一组为末端组，其土壤水稳定同位素值 $\delta^{18} O_{end}$ 低于植物茎水稳定同位素 $\delta^{18} O_w$，因此，则线性混合模型可以表示为

$$P_{top} \delta^{18} O_{top} + P_{end} \delta^{18} O_{end} = \delta^{18} O_w \tag{1.5}$$

$$P_{top} + P_{end} = 1 \tag{1.6}$$

$$P_{top/end} = \sum R_{i(top/end)} \tag{1.7}$$

其次，计算出组间距离 L 以及组间的贡献率 R_i（$R_i = k/L$，k 是无量纲比例系数），根据组间的贡献率推求出顶端组和末端组的平均 $\delta^{18} O_{top}$、$\delta^{18} O_{end}$，最后代入式 $P_i = P_{top/end} R_i$ 中求出不同水源在植物各生育期的贡献率 P_i。

该模型基本原理是基于两个假设，即在假设水源贡献与距离（水源与植物）成反比的基础上，再假设分组之后，各组中不同水源对植物的贡献与其在该组内和植物之间的距离成反比。耦合模型优点是综合了 $\delta^{18} O$ 和 δD 的信息，考虑了矢量性，从而计算出各水源在其组内所占的比例，计算过程不受水源种类数量限制。但该模型仍是把每一层同位素值单独作为单一水源分析，同时两个假设会使计算结果准确性有所降低。

1.5.4 吸水深度模型

2005 年，Romero-Saltos 等提出平均吸水深度模型。该模型同样基于同位素质量守恒，即认为植物枝条木质部水稳定同位素值是土壤不同深度的土壤水稳定同位素值按比例混合的结果。该模型主要利用 MATLAB 软件编程，将不同水源的稳定同位素比值通过三次样条插值，计算预期的土壤中每厘米深度的土壤 δD 或 $\delta^{18} O$，最后得出具体植物主要吸水深度。同时该模型在确定植物吸水深度时是基于两个假设：一是在任何时间，植物都可以从 50cm 深度范围内吸收水分；二是植物根系吸水随土层深度变化服从正态分布。

$$N_i = \frac{1}{\sigma \sqrt{2\pi}} e^{-(Y - \mu^2 / 2\sigma^2)} \tag{1.8}$$

同时，由于假设条件"吸水深度值 50cm"对稳定吸水深度结果影响并不敏感，故可以用该模型分析植物吸水深度。

1.5.5 IsoSource 多元线性分析模型

多元线性分析模型是基于同位素质量平衡原理，当研究的水分来源总数过

多，线性混合模型不能满足测定的同位素种类要求时，一般采用此模型。该模型是 Phillips 等（2003）开发的专门应用于计算多种水源时植物利用水源的贡献率比例范围，其运行前提是，至少有用于测定各可能水源样品和植物木质部水分样品水稳定同位素值。Phillips 等（2005）分析计算不同水分来源比率的各种模型总结表明，IsoSource 模型解析不同潜在水分来源对植物水分贡献率的准确性高于其他模型。

IsoSource 模型界面如图 1.1 所示，在计算水分贡献率时，将不同水源的氢或氧稳定同位素值输入第一列，并在左侧标注水源名称；在第一列上方输入对应的植物的氢或者氧稳定同位素值。其中的 Increment 一般设置为 1%或者 2%，其代表计算时每一个水源贡献率的增长幅度，即从 0 至 100%；模型计算时，每个水源的贡献率均按 Increment 值为步长增长，并乘以其对应的水源同位素值，最终乘积的和即为计算的线性混合终值。Tolerance 一般设置为 0.01，其代表计算的线性混合终值与实测的植物稳定同位素值之间所允许的差异，当实际误差在这个差异之内，即为一组可行解。由于计算时间的长短受 Increment 和 Tolerance 的影响，故应根据实际需要进行相关参数选择。

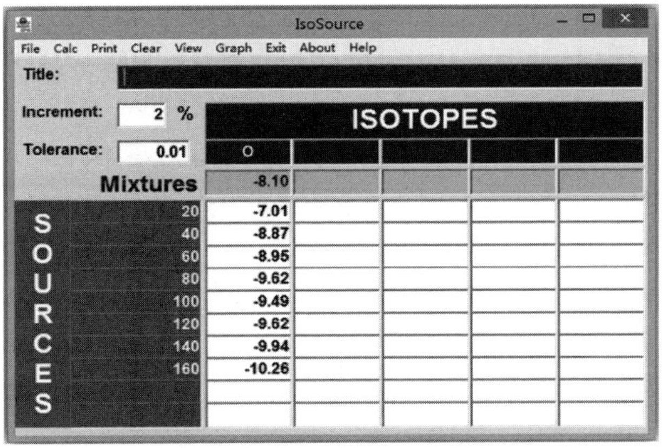

图 1.1　IsoSource 模型界面

最终绘制不同水源可行解的水分贡献率直方图，即可以得出不同水源的贡献率范围与平均贡献率。需要注意的是，软件所绘制的频率图并不能直接使用，需根据输出文件（后缀为 .tot 的文件）中的出现频数和总计算数进行频率图的重新绘制。

1.5.6　贝叶斯统计模型

由于 IsoSource 模型仅输入了植物水和土壤水稳定同位素的均值进行计算，未考虑植物和土壤水稳定同位素的变异性和不确定性等问题，因此，相关学者利用贝叶斯统计的相关原理构建了一系列模型如 MixSIR、SIAR 以及 MixSIAR 等。

MixSIR 模型（图 1.2），其融合了各深度土壤水稳定同位素组成的所有可能以及同位素组成的不确定性（即输入均值和方差，分馏系数），使得模型的估计更为准确。需注意的是，在实际操作中尽量使用原文件进行数据输入，以免模型无法正常运行。其操作流程为：首先在原文件中修改数据，Mix_data.txt（目标混合物稳定同位素值输入文件）、mean_source.txt（源数据稳定同位素值输入文件）、SD_source.txt（源数据标准差输入文件）、mean_frac.txt（分馏因子输入文件，通常为 0）、SD_frac.txt（分馏因子标准差输入文件，通常为 0）。然后设置迭代运算次数，需要大于 1000000 次（即输入数据大于 1000），并勾选"write results files"，单击 Giddup 运行模型，计算植物对各潜在水源的吸收利用比例。运算结束后，将显示 Model Run Results 窗口，注意给出最大重要比 Maximum Importance ratio（MIR）值需满足小于 0.01，否则需要增加迭代运算次数。再然后打开输出结果 contrib_out.txt，查看各潜在水源的贡献比例并对结果进行处理（注意每一行累加为 1），可得到各潜在水源的贡献率范围（平均值±标准差）。

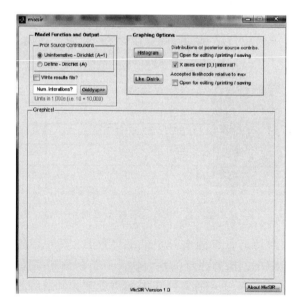

图 1.2　MixSIR 模型界面

Parnell 等（2010）基于 R 语言开发了基于贝叶斯分析稳定同位素混合模型 SIAR，该模型也考虑了各水源稳定同位素值及分馏因子等的变异和不确定性。Stock 等（2013）将 MixSIR 和 SIAR 的优点组合，开发了 MixSIAR 模型（图

1.3)，该模型考虑了源值、分类和连续协变量（随机、固定、分类、嵌套效应）、先验信息的不确定性，融合了贝叶斯混合模型的最新成果。具体做法为：首先加载 Mixture、Sources、Discrimination（TDF）数据，马尔卡夫链蒙特卡罗（MCMC）运行长度选择 normal，误差结构（Error structure）选择 Process only（$N=1$）。然后绘制数据和先验，选择模型结构选项和输出选项运行模型，最后使用诊断来确定模型是否已收敛，分析输出结果。

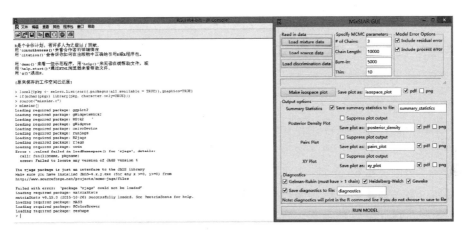

图 1.3　MixSIAR 操作界面

不同的分析方法各有其优势和侧重点，相关研究者也进行了大量的不同方法室内和野外数据模拟和对比分析（曾祥明等，2020；张宇等，2020），在不同条件下得出了不同的结论和应用准确性评价方法。因此，针对具体的研究内容，应进行进一步详细分析或采用多种模型进行综合讨论。

第 2 章

水稳定同位素指示植物
根系吸水深度的潜在分馏研究

　　水稳定同位素技术已广泛用于探讨不同环境下的乔木、灌木、草本和农田作物的水分利用情况以及土壤水-茎秆水-大气降水等各水分迁移转化过程的定量表征，为阐释植物-土壤-大气之间的联动机制提供了新视角。而如何避免水稳定同位素在抽提、分析和采样过程中发生分馏，是利用水稳定同位素进行植物根系吸水深度研究的前提。低温真空抽提技术是最常用的抽提方法，但如果忽略了抽提过程中可能引起的潜在分馏，会使分析数据的真实性和可靠性存疑。相对于作物可取根茎等无水分分馏的部分，果树枝条水的同位素信息在采样过程中受到的影响要高于在抽提过程中受到的影响，而土壤水的同位素信息受抽提条件影响较大。随着激光光谱技术的发展，让快速、准确且大批量、低成本地分析水稳定同位素特征成为可能，但其分析过程中存在的潜在分馏也需引起足够重视。

　　基于此，本书就水稳定同位素指示植物水分迁移过程中的潜在分馏效应进行研究，涉及：①土壤水抽提过程中的潜在分馏效应；②水样测定中的潜在分馏效应；③植物木质部水分测定中的潜在分馏效应等三个方面，为利用水稳定同位素技术准确指示根系吸水深度提供依据。

2.1　土壤水抽提过程中的潜在分馏效应

　　土壤水主要利用低温真空抽提技术进行提取。在抽提过程中，土壤样品在真空环境下被持续恒温加热，使得水分以气态形式从土壤中逸出，并在收集管中被液氮冷凝收集。同时，为了避免土壤颗粒进入冷凝管，进而引起同位素分馏，在样品管的管口需放置填充物。整个抽提过程遵循瑞利蒸发分馏机制，即质量较轻的水先冷凝，故需一定的抽提时间才能达到收集要求（97%）。因此，在抽提过程中，抽提条件（抽提时间、温度和真空度）和能够影响水分从土体中释放的相关土壤理化性质均可能导致在抽提过程中产生分馏。其中，加热温度是整个抽提系统的抽提动力之一，将直接决定土壤释放水汽的效率；而管口填充物的存在，将直接影响水汽冷凝的速率。那如何确定合理的加热温度，在避免发生分馏的前提下缩短抽提时间？何种管口填充物能够避免同位素分馏？不同的土壤含水率和含氮量是否会对抽提结果造成影响？带着此类问题，通过一系列相关试验进行土壤水稳定同位素潜在分馏效应的研究。

2.1.1 土壤水的分馏试验方案

1. 抽提系统介绍

如图 2.1 所示，本试验采用的抽提系统与 West（2006）和 Goebel 等（2012）的抽提装置类似，将水浴锅作为样品抽提的加热源，液氮作为冷凝源。抽提过程中利用真空泵使系统真空度保持在 3.9Pa 以内，并利用加热带使真空管路保持恒温（65℃），避免水汽提前冷凝在管路中。当冷凝管中出现凝结水时设为抽提时间的起点，到达一定抽提时间后，取下冷凝管并用 Parafilm 膜封口密封。待室温解冻后将全部水样过滤至 2mL 样品瓶中，瓶口用 Parafilm 密封，在 4℃恒温保存待测。

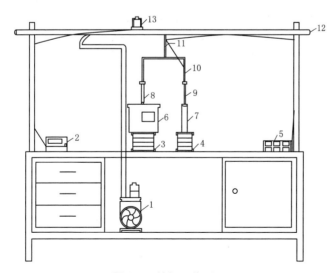

图 2.1 抽提系统原理

1—真空泵；2—真空度显示器；3—大升降台；4—小升降台；5—加热带温度控制平台；

6—水浴锅；7—液氮杯；8—大试管样品管；9—小试管冷凝管；10—加热带；

11—抽提单元；12—真空管路；13—真空计

2. 土样制备

取试验区 0～200cm 土壤，经自然风干、混合均匀后，在 70℃烘干 48h，过 2mm 筛后置于干燥器内保存。用一定量的土样和已知稳定同位素比值的蒸馏水 [$\delta^{18}O$＝（－9.76±0.37）‰，δD＝（－71.32±1.19）‰] 配置不同土壤质量含水率的待测土壤样品，混合均匀后置于 5mL 离心管中并用 Parafilm 膜封口，静置 24h 后冷冻（－20℃）保存备用。

3. 试验处理

（1）不同加热温度对水稳定同位素的分馏。考虑到水浴锅加热范围（0～100℃）和文献中常用加热温度（70～120℃），本试验设置四个加热温度梯度，分别为 70℃、80℃、90℃和 100℃（分别表示为 T70、T80、T90 和 T100），在不同抽提时间（30min、90min 和 180min）下进行不同质量含水率（10％、20％和 30％）土壤样品的抽提试验，每组试验重复 3 次。

（2）不同填充物对水稳定同位素的分馏。设置不同填充物，即海绵（T 海）、脱脂棉（T 脱）、活性炭棉（T 活）和石英棉（T 石），分为抽提和吸附试验两部分。其中：

1）抽提试验。将不同水量（0.5mL、1.5mL 和 2.5mL）的已知同位素比值的蒸馏水（$\delta^{18}O$＝－9.76±0.37‰，δD＝－71.32±1.19‰）加入样品管中，模拟土壤样品进行抽提（抽提加热温度恒定为 90℃），分别在管口放置不同填充物，分析不同抽提时间后冷凝水分的同位素比值变化情况，每组重复 3 次。

2）吸附试验。选取 1g 填充物，用剪刀剪碎，放入干燥的锥形瓶中，加入 25mL 已知同位素比值的标准水（标准水分为三个梯度，分别为重水 $\delta^{18}O$＝－0.93±0.02‰，δD＝－6.23±0.19‰；中水 $\delta^{18}O$＝－10.13±0.02‰，δD＝－70.13±0.28‰；轻水 $\delta^{18}O$＝－19.63±0.09‰，δD＝－143.87±0.21‰），放入水浴恒温振荡器内避光振荡 8h，振荡结束后，立即用注射器吸取上层水样，经过滤后装入 2mL 样品瓶内，测定上层水的氢氧稳定同位素比值。

（3）不同土壤含水率对水稳定同位素的分馏。取干土 20g，设置四个含水率水平，分别使其质量含水率为 30％（W_1）、24％（W_2）、18％（W_3）、12％（W_4），其他条件相同，在同一时间梯度下同时进行抽提实验，每组试验重复 3 次。

（4）不同土壤施氮肥水平对水稳定同位素的分馏。取干土 20g，设置四个处理，即分别配置施氮肥水平为 0mg/kg（N_0）、100mg/kg（N_1）、200mg/kg（N_2）、300mg/kg（N_3）同时使其达到同一含水量水平，在同一时间梯度下同时进行抽提实验，每组试验重复 3 次。

2.1.2 不同加热温度对水稳定同位素的分馏效应

由于 $\delta^{18}O$ 和 δD 的抽提规律基本保持一致，故本节以 $\delta^{18}O$ 为例进行相关分析。如图 2.2 所示，不同抽提时间下，不同加热温度所抽提出的土壤水的 $\delta^{18}O$ 值存在显著差异（图中小写字母表示为在 $P<0.05$ 下的显著性差异，下同）。随着抽提时间增加，各加热温度下的土壤水 $\delta^{18}O$ 越接近添加水。

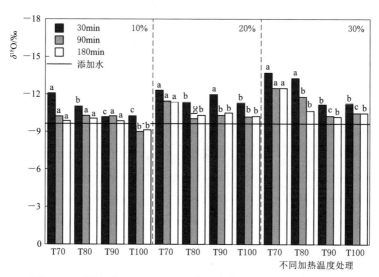

图 2.2　不同加热温度下不同土壤含水率抽提出的土壤水 $\delta^{18}O$

当土壤含水率较低（10%）且加热温度为 100℃ 时，在抽提时间超过 90min 以后，所抽提出的土壤水的 $\delta^{18}O$ 较添加水，出现明显富集现象。这是由于当系统加热温度过高时，土壤中部分束缚水也被抽提出来，而束缚水的 $\delta^{18}O$ 值较添加水的 $\delta^{18}O$ 明显偏富（$\delta^{18}O$ 值较大）（Martine 等，2014）。一方面，由于土壤吸水性和稳定同位素热力学原理，重的氧稳定同位素优先在土壤颗粒表层形成束缚水（Gat 等，2003）；另一方面，在土样制备过程中，原始土样中的束缚水分会留下同位素记忆，导致新土样中束缚水的 $\delta^{18}O$ 偏富。本试验采用自然风干和 70℃ 恒温至土样无水，会导致原始土样部分水分存留。但这种同位素记忆与烘干温度无关，Newberry 等（2017）通过 105℃ 制备的土样，在加热温度为 80℃ 下所抽提出的土壤水中仍然有上述同位素记忆的现象存在。

当土壤含水率较高（30%）且加热温度为 70℃ 时，即使抽提时间延长至 180min，抽提出的土壤水 $\delta^{18}O$ 仍较添加水有显著差异，且抽提时间为 90min 和 180min 下土壤水 $\delta^{18}O$ 无显著差异。这是由于大量土壤水已经从土壤中抽提出来，但由于加热温度偏低，使得部分水汽在样品管顶部出现冷凝，即使抽提时间增加，仍不能冷凝收集到完全不发生分馏的水样。当土壤含水率为 20% 且加热温度在 80℃ 及其以上时，抽提出的水稳定同位素值基本不随抽提时间的增加而变化，达到稳定状态。

不同土壤含水率条件下，不同加热温度所抽提出的土壤水 $\delta^{18}O$ 值存在显著差异。以抽提时间 90min 为例得出，不同加热温度和土壤水 $\delta^{18}O$ 值均呈线性相关（图 2.3），且在高含水率（30%）条件下，二者相关性最高。由此表明，在同一抽提时间内，加热温度越大，所抽提出的土壤水越接近添加水。对于高含水率土壤而言，提高加热温度可以减少抽提时间，避免长时间抽提后由于真空度降低、外界水汽变化等引起抽提过程中的分馏。

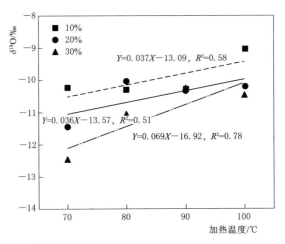

图 2.3　加热温度和不同土壤含水率下土壤水 $\delta^{18}O$ 的相关性

IsoSource 模型是基于水稳定同位素技术来量化不同水源对植物的水分贡献概率的多元线性模型。其原理为比较混合源（植物水）和各潜在水分来源的稳定同位素值之间的相互关系，确定不同水源对植物水的贡献率。利用 IsoSource 模型，将添加水的稳定同位素值作为混合源，不同抽提时间下的土壤水的稳定同位素值作为各潜在水源，来计算不同加热温度与不同抽提时间下的平均贡献率，进而求解最短抽提时间，其结果见表 2.1。

表 2.1　IsoSource 模型计算在不同抽提时间下不同加热温度的平均贡献率

抽提时间/min	T70			T80			T90			T100		
	10%	20%	30%	10%	20%	30%	10%	20%	30%	10%	20%	30%
30	0.17	0.01	0.01	0.28	0.20	0	0.38	0.03	0.21	0.33	0.02	0.01
90	0.45	0.02	0.38	0.41	0.35	0.01	0.3	0.64	0.41	0.31	0.69	0.61
180	0.37	0.97	0.61	0.32	0.45	0.99	0.32	0.33	0.38	0.36	0.29	0.38

由表 2.1 可知，当加热温度为 70℃且低土壤含水率（10%）时，抽提时间为 90min 的平均贡献率最大；而当土壤含水率范围为 20%～30% 时，抽提时间

为 180min 贡献率最大。结合图 2.1 可知，加热温度为 70℃时，即使抽提时间延长至 180min 都不能完全抽提出满足试验要求的水量；当加热温度为 80℃时，不同土壤含水率在抽提时间为 180min 下的贡献率基本达到最大；而加热温度为 90℃和 100℃时，在抽提时间为 30～90min 时贡献率达到最大，但加热温度过高，会将土壤中部分束缚水提取出来，而这部分水分并不能被植物所吸收，属于同位素干扰信息，应予以剔除。

综上可知，在本试验条件下，加热温度为 90℃且抽提时间为 90min 是避免抽提过程发生同位素分馏的最佳抽提策略。

2.1.3 不同填充物对水稳定同位素的分馏效应

在抽提过程中，填充物的种类也会造成潜在的分馏。如图 2.4 所示，不同抽提时间、不同填充物所抽提出水的 $\delta^{18}O$ 值存在一定差异。海绵和活性炭棉处理下，抽提出水的 $\delta^{18}O$ 值并未有显著差异，且并不随抽提时间的增加而呈明显变化；而脱脂棉处理在添加水量为 0.5mL 和 1.5mL，以及石英棉处理在添加水量为 2.5mL 时，随着抽提时间的增加，其提出水的 $\delta^{18}O$ 值接近真值（添加水的 $\delta^{18}O$ 值，图 2.4 中横线所示）。这表明，在本试验中的抽提系统，海绵和活性炭棉并不影响水分提取效率，而脱脂棉和石英棉会产生一定影响。

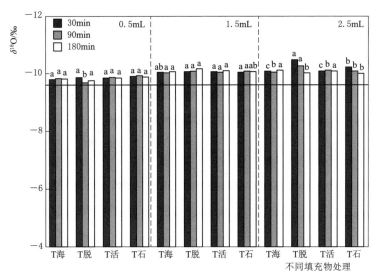

图 2.4 不同填充物处理下抽提水中 $\delta^{18}O$

当添加水量为 0.5mL 和 1.5mL 时，不同填充物下所抽提出的冷凝水 $\delta^{18}O$ 值未存在显著差异，仅脱脂棉处理在抽提时间为 90min 下和其他处理呈显著差异。当添加水量为 2.5mL，脱脂棉和石英棉处理在 30min 和 90min 下均产生不同程度的分馏。这是由于当需要抽提的水量过多时，在脱脂棉和石英棉中会存留部分水分，不能被液氮所收集，进而引起同位素分馏。这与 Jia 等（2012）和 West 等（2007）认为脱脂棉和石英棉并不影响抽提效率的结果不同，不同的结果与不同抽提系统所保持的真空度、测试添加水的水量以及选取的脱脂棉和石英棉的密度有关；且利用纯水模拟土壤水进行抽提时，其分馏效应可能要高于自然土壤水。因此，本书进一步研究不同填充物自身对水中 $\delta^{18}O$ 和 δD 吸附效果（图 2.5），以明确填充物的分馏效应。

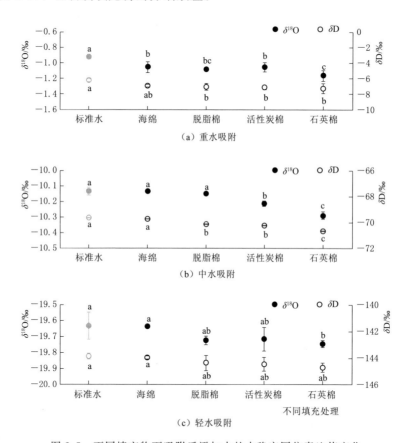

图 2.5 不同填充物下吸附后添加水的水稳定同位素比值变化

图 2.5 为经不同填充物充分吸附后，添加水的 $\delta^{18}O$ 和 δD 值变化情况。通过分析可知，不同添加水下，不同填充物对 $\delta^{18}O$ 和 δD 的吸附效果基本一致。对于海绵处理而言，基本不产生吸附分馏，仅当添加水的同位素值偏大时，会产生一定吸附效应；且对于氧稳定同位素的吸附效果大于氢稳定同位素。而其

他填充处理均产生了不同程度的吸附分馏。其中，石英棉的吸附分馏效果最为显著，脱脂棉和活性炭棉次之。这是由于不同填充物的孔隙结构不同，海绵孔隙结构相对适中，能够快速吸水并释水，而石英棉的孔隙结构过于细密，使得其吸附分馏效果明显。

综上可得，使用海绵作为填充物能够有效避免在抽提过程中产生分馏，为本试验条件下的最优填充物。

2.1.4 不同含水率水平下土壤水的抽提时间

通过设置四个土壤质量含水率水平即 $W_1(30\%)$、$W_2(24\%)$、$W_3(18\%)$ 和 $W_4(12\%)$ 研究不同含水率下的最佳抽提时间，抽提时间梯度为 $30\sim180min$。基于不同管口填充物试验结果选用海绵作为本次管口填充物，以保证分析结果。抽提结果同位素值曲线是基于 West（2006）建立的抽提时间曲线，其中 T_{min} 表示抽提水稳定同位素值达到稳定的最短时间，$\delta^{18}O_t - \overline{\delta^{18}O \geqslant T_{min}}(\text{‰})$ 或 $\delta O_t - \overline{\delta O \geqslant T_{min}}(\text{‰})$ 表示不同抽提时间下氧稳定同位素比值与最短时间氧稳定同位素比值的均值之差。不同土壤含水率下土壤水提取率变化特征如图 2.6 所示，不同含水率水平下水稳定同位素差值的时间曲线如图 2.7 所示，图中垂直短划线表示水样的完全提取时间或者水样同位素比值达到稳定的时间，水平短划线表示抽提效率为 100% 或者水样稳定同位素与达到稳定时水样稳定同位素均值的差值为 0。

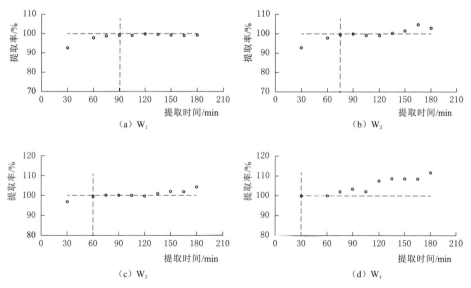

图 2.6　不同土壤含水率下提取率变化特征

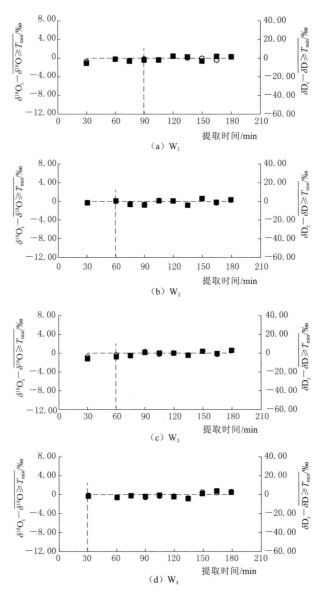

图 2.7　不同含水率水平下水稳定同位素差值的时间曲线

　　由图 2.6 可知，在土壤质地为壤土时，不同土壤含水率水平完全抽提所需时间有所不同，随着抽提时间的延长，土壤水分逐渐蒸发冷凝收集，提取率逐渐增大，当完全提取后，提取率逐渐稳定。土壤含水率越高，完全提取时间越长，完全提取时间 $W_1 > W_2 > W_3 > W_4$，不同处理水平完全提取时间依次为 90min、75min、60min、30min，提取率范围分别为 92.5%～100.0%、92.9%～104.6%、96.9%～104.3%、99.9%～111.6%。其原因可能是，细粒土在土壤失水过程中,土壤孔隙逐渐收缩减小,同时随着土壤含水率的降低,土壤基质吸力逐渐增大,提取同样体积的水分所需时间会逐渐延长。W_1、W_2、W_3、W_4 提取时间依次降低,可能是由于土壤含水率降低至烘干状态时,含水率高水平的变化范围更大,同时随着提取时间的延长,装置真空度下降对提取时间也会产生影响。

W_2、W_3、W_4 分别在抽提时间梯度为 150min、135min、75min 后表现为提取率大于 100%,其原因可能是真空蒸馏随时间的延长,将土壤中部分束缚水提取出来。因此,并非抽提时间越长,抽提用以分析的水稳定同位素比值效果越好。

由图 2.7 可知,从整体上看,随着提取时间的增加,不同抽提时间下的水稳定同位素值与最短时间水稳定同位素均值的差值范围表现出先逐渐缩小,然后趋于一致。W_1、W_2、W_3、W_4 处理最短提取时间分别在 90min、60min、60min 和 30min 附近。随着含水率的降低,水稳定同位素值达到稳定的最短提取所需时间逐渐减少。同时,对比图 2.6 和图 2.7 可以得出,各处理的最短抽提时间稍小于其完全提取时间,这可能是由于水分收集的滞后性导致,即土壤水分蒸发出后,在抽提单元扩散以及收集装置中冷凝的过程延长了完全提取时间,同时表明,可能并不需要完全提取就可以得到稳定的同位素水样,在土壤质地为壤土的条件下,低含水率水平 12% 以下仅需 30min,含水率范围在 18%~24% 需 60min,而高含水率水平 30% 需要抽提时间为 90min。

以 $\delta^{18}O$ 为例,将不同土壤含水率水平抽提达到稳定时水同位素比值与加入标准水样中同位素比值,进行双样本等方差假设分析,具体结果见表 2.2。分析结果表明,W_1、W_2 提取达到稳定时,$\delta^{18}O$ 值与加入标准水样差异显著;W_3、W_4 提取水样达到稳定时,差异不显著;W_4 处理提取率超过 105% 时,提取水样与加入水样的 $\delta^{18}O$ 差异显著。对比不同含水量处理分析结果 t 值,含水量越低,提取水稳定同位素均值越接近加入标准水样的同位素均值。Orwolski 等(2016)通过实验分析得出,即使在抽提达到稳定状态后,加入水样同位素值与提取出来水样同位素值也并不匹配。本试验结果表明,在含水率为 12% 时,提取时间 135min 后,继续抽提会对得到的提取水样同位素值产生影响。

表 2.2　　　　提取水中稳定的 $\delta^{18}O$ 与标准水样 $\delta^{18}O$ 的 t 检验分析

W_1		W_2		W_3		W_4		$W_{4R提} > 105\%$	
t 值	P 值	t 值	P 值	t 值	P 值	t 值	P 值	t 值	P 值
−23.33	<0.01	−11.18	<0.01	−1.58	0.14	0.24	0.81	13.07	<0.01

2.1.5　不同施氮肥水平下的土壤水抽提时间

本次试验根据冬小麦和苹果树的施氮肥水平设置四个土壤施氮肥水平处理,即不施氮肥 N_0(0mg/kg)、适宜施氮 N_1(100mg/kg)、高氮 N_2(200mg/kg)、

过量施氮 N_3（300mg/kg）（李洪娜等，2015；刘学军等，2002），抽提时间梯度为 30min、60min、75min、90min、105min、120min、135min、150min、165min、180min。具体提取率的变化特征以及水稳定同位素差值的时间曲线如图 2.8 和图 2.9 所示。

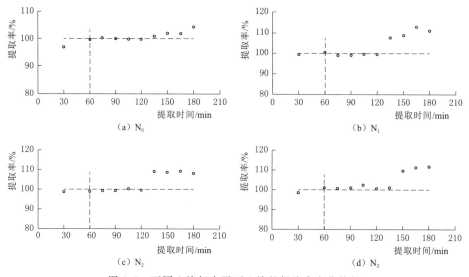

图 2.8　不同土壤氮水平下土壤的提取率变化特征

由图 2.8 可知，不同土壤施氮水平下抽提率变化基本相同，各处理抽提时间曲线变化趋势表现为，随着抽提时间的延长，提取率逐渐增大，提取 60min 以后，提取率基本达到 100%。在抽提时间为 60~120min 的区域内，提取率基本保持稳定。在抽提时间 135min 以后，随着抽提时间的继续增加，提取率逐渐超过 100%，在 180min 甚至可以达到 110%。N_0、N_1、N_2、N_3 处理不同时间梯度下的抽提效率范围分别为 91.9%~100.5%、99.3%~112.9%、98.6%~109.4%、98.4%~111.3%。施氮肥的处理与未施氮肥 N_0 处理抽提时间提取率曲线趋势基本一致，但在 135min 以后，施氮肥处理提取率增长有所增加，但变幅基本相同，而产生这种现象的原因可能与氮肥浓度相关。

由图 2.9 可知，从整体上看，各处理在提取时间为 30min 时，水稳定同位素比值已基本接近稳定，而抽提时间为 60min 时，各处理水稳定同位素值达到稳定。随着提取时间的继续延长，各处理提取水样的同位素值未发生明显变化。为保证水稳定同位素值的分析效果，以提取时间为 60min 作为最短提取时间。对比图 2.8 与图 2.9 可知，各处理抽提达到的稳定时间，仍稍小于各处理的完全提取时间。其原因与不同土壤含水率水平处理相似，其水分收集的滞后性影响了完全提取时间，但施氮肥浓度并不影响达到稳定时的最短提取时间。

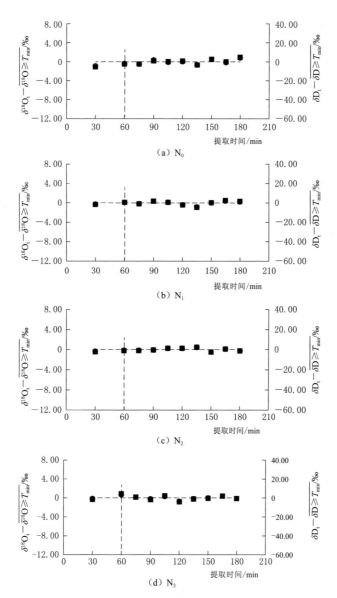

图 2.9　不同氮水平下水稳定同位素差值的时间曲线

将不同土壤施氮肥水平抽提达到稳定时水的 $\delta^{18}O$ 与加入标准水样中 $\delta^{18}O$ 值，进行双样本等方差假设分析，具体结果见表 2.3。结果表明，N_0、N_1、N_2 处理均未达到显著性差异，N_3 处理达到显著性差异。对比不同处理 t 值与 P 值，施氮肥 N_1、N_2 处理在一定程度上提高了抽提水样同位素精度，但随着土壤施肥水平的继续增大，对抽提水样产生了一定的影响。当土壤施氮肥水平达到 N_3 水平时，抽提达到稳定时水样的精度已经超出了允许范围。因此，试验中 N_0、N_1、N_2 处理均可达到分析水稳定同位素水样的标准，但 N_3 处理并不适用于同位素分析，具体施氮水平适宜范围需进一步探讨研究。

表 2.3　　　　　　提取水中稳定的 $\delta^{18}O$ 与标准水样 $\delta^{18}O$ 的 t 检验分析

N_0		N_1		N_2		N_3	
t 值	P 值	t 值	P 值	t 值	P 值	t 值	P 值
−1.58	0.14	0.35	0.73	0.62	0.55	3.83	<0.01

2.2　水样测定中的潜在分馏效应

在利用低温真空抽提获得了相关水样后，可通过光谱技术进行同位素分析。但是在样品测定过程中，放置于样品盘中的样品并不能立即测定，并且随着测试时间的延长，在样品瓶顶部以及样品盖周围会有水珠凝结（图 2.10）。基于瑞利蒸发分馏原理，样品瓶中的凝结水可能造成样品在测试过程中产生分馏。同时，为避免样品间的记忆效应并提高样品测量精准程度，常采用 3 组标样和 8 个未知样品为一组的排列方式，并对单个样品进行多针测量并忽略前 3 针的测量结果，将后几针的测量值求取平均值作为测量真值。这种方法虽然在一定程度可以避免记忆效应（马涛等，2015），但却增加了测样时间（每一针测定时间约 9min，一个样品耗时 63min）和标样消耗，而且标样排列方式和直接去掉前三针的做法是否合理仍不明确。故需要对样品序列进行合理优化，在缩短测量时间的基础上保证测量精度。本节就样品潜在蒸发分馏和样品测序优化进行分析，为迅速获得准确、可靠的同位素数据提供依据。

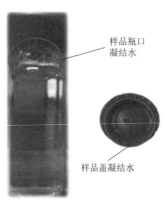

样品瓶口凝结水

样品盖凝结水

图 2.10　样品瓶口和瓶盖部位的凝结水

2.2.1　水样测试的试验方案

1. 样品蒸发分馏试验

考虑样品蒸发的条件，设置不同样品量（1mL 和 2mL）、不同样品环境测试温度（15℃ 和 30℃）和不同样品值 [A：$\delta^{18}O=(-9.76\pm0.68)‰$，$\delta D=(-71.32\pm2.19)‰$；B：$\delta^{18}O=(-19.23\pm0.29)‰$；$\delta D=(-146.31\pm3.21)‰$] 来配制不同样品，进行 24h 连续测样。为避免同一样品连续测定所带来的误差，测定过程并不进行重复注射，而是采用配置 22~23 瓶相同的样品进行测定。前三个样品序列设置国际标样，作为整个测定过程中的校准。在此测试过程中，采用仪器推荐的传统测序方法，即每个样品测试 7 针，取后 3 针的均值作为最终测量值。

2. 样品测序优化试验

本试验以 Picarro L2130-i（Picarro Inc.，SantaClara，USA）为例，进行样品测序优化试验。测定不同标样排序（由高至低和由低至高）和不同注射次数（1～10 针）的记忆效应，进行样品测序的优化设置。利用低温真空抽提将 18 个未知同位素值的样品（10 个土壤样品和 8 个植物样品）抽提，将抽提出的土壤水和植物水等分、编号，进行测序优化前后的样品值对比分析。

样品记忆效应指多次注射中测量值和真值间的差异，样品记忆效应的评估采用 Penna 等（2012）中的相关假设进行分析。相邻两样品 A 和 B 间的记忆效应（ME）表示为

$$ME = e/D = \frac{B_i - B_{真}}{A_{真} - B_{真}} \tag{2.1}$$

式中：$A_{真}$ 为 A 样品不受记忆效应影响的最终测量真值，本试验样品测试中假设最后两针的平均值为样品真值；$B_{真}$ 为 B 样品的测量真值，将最后两针的平均值设为真值；B_i 为 B 样品中第 i 针所对应的测量值。

2.2.2　样品测定中的潜在蒸发分馏分析

由于在抽提过程中，并不是所有的土壤和植物样品均能完全抽提出 2mL 的分析水样。故样品量的多少会导致样品瓶中凝结水的附着空间发生变化，进而可能产生不同程度的分馏。由图 2.11 可知，对于 $\delta^{18}O$ 而言，不同样品量下随着测量时间的增加，均呈上下浮动，1mL 样品量下的 $\delta^{18}O$ 值比 2mL 的略大，但差异并不显著，仅在最后测量时间内呈显著差异。而对于 δD 而言，除 1h 外，其余时间内不同样品量下的同位素值均有显著的差异，1mL 样品量下的 δD 值高于 2mL。这说明 1mL 下的蒸发分馏较 2mL 显著。

进一步分析，将 1h 的测量值作为样品真值，进而计算不同时间内和真值的绝对误差。由此可得出，不同时间内，不同样品量的 $\delta^{18}O$ 绝对误差基本在 0 附近波动，而不同样品量的 δD 绝对误差随时间的变化并不相同。2mL 样品量其绝对误差随时间的增加有所增大，但基本保持在 0.5‰ 以内；而 1mL 样品量的绝对误差在 3h 内显著增加，在 3～21h 基本稳定在 1.5‰ 以内。这表明，样品瓶中的蒸发分馏对于氢稳定同位素影响更为显著，且在样品量不足 2mL 情况下，会造成最大 1.5‰ 的误差。相对于 $\delta^{18}O$，较轻的 δD 更容易从样品中溢出，从而使剩余样品中的氢稳定同位素出现不同程度的富集。

图 2.12 为不同环境测试温度下样品稳定同位素比值和相对误差随时间的变化情况。由图 2.12 可知，30℃ 下 $\delta^{18}O$ 的测量值较 15℃ 有偏正（即 $\delta^{18}O$ 相对较

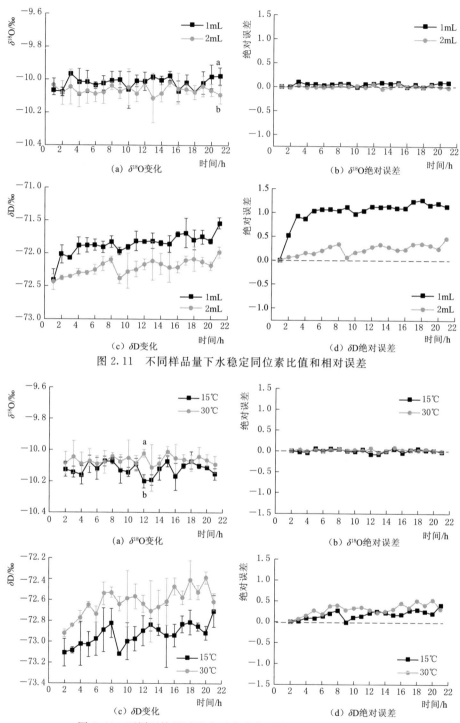

图 2.11　不同样品量下水稳定同位素比值和相对误差

图 2.12　不同环境测试温度下水稳定同位素比值和相对误差

大）趋势，但二者基本无显著差异；而 30℃下的 δD 值较 15℃的存在显著差异。这表明随着环境温度的变化，凝结水蒸发分馏的效应有所增加。通过绝对误差分析可知，环境温度的变化对氧稳定同位素的影响基本可以忽略，在 0 左右小幅波动；而对氢稳定同位素的分馏影响略大于氧，其绝对误差随着时间的增加有所增大，但基本在 0.5‰以内波动。

通过观察不同标准样品在 24h 内测量值的变化可知（图 2.13），当测试水样的稳定同位素值偏正时（A 样品），24h 内 $\delta^{18}O$ 和 δD 的测量值基本在误差范围内波动；而当水样的同位素值偏负时（B 样品），$\delta^{18}O$ 的测量值仍基本在误差范围内波动，但 δD 的测量值在 19h 后（图 2.13 箭头处）有明显富集偏正趋势。由此可知，对于测量水稳定同位素偏负（即 $\delta^{18}O$ 和 δD 相对较小）的水样，尤其要注意样品存放时间过长所带来的凝结水蒸发分馏现象。

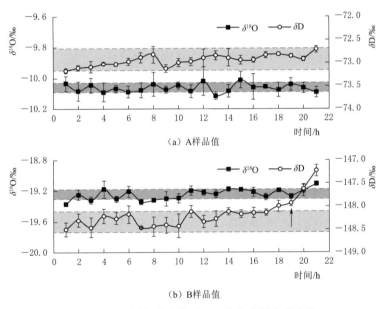

图 2.13　不同标准水样下 24h 水稳定同位素变化

综上所述，在实际操作过程中，在室内尽量保持环境温度相对稳定的情况下，选用 2mL 样品量可有效减少样品蒸发分馏所带来的影响。同时，建议当测量样品的水稳定同位素偏负时，可在存放时间超过 19h 后适度摇晃样品瓶，使凝结水与待测样品混合均匀后再进行测定。

2.2.3　样品测定序列的优化分析

通过测定并分析不同标样排序方式的记忆效应可知（表 2.4），样品不同排序方式对于氧稳定同位素的记忆效应差异并不显著；但对氢稳定同位素而言，样品由高到低排列会显著降低相邻两样品间的第一针的记忆效应。

表 2.4 不同标样排序方式下样品记忆效应差异分析

注射针数	标样由低到高排列		标样由高到低排列	
	$\delta^{18}O/‰$	$\delta D/‰$	$\delta^{18}O/‰$	$\delta D/‰$
1	0.015±0.011a	0.058±0.014a	0.013±0.002a	0.016±0.019b
2	0.007±0.005a	0.024±0.006a	0.009±0.008a	0.006±0.006a
3	0.007±0.005a	0.016±0.008a	0.007±0.009a	0.005±0.006a
4	0.006±0.003a	0.006±0.004a	0.006±0.007a	0.003±0.002a

通过对不同样品进行多次注射，可以绘制出不同注射次数下的记忆效应，如图 2.14 所示。当样品间的同位素差异较大时（GL－SL 下 $\delta^{18}O$ 为 30‰，δD 为 240‰），记忆效应也相应增大，且氢稳定同位素的记忆效应大于氧稳定同位素。对于氧稳定同位素而言，不同标样下的记忆效应仅在第一针存在显著差异；对于氢稳定同位素而言，前三针的记忆效应均存在显著差异。

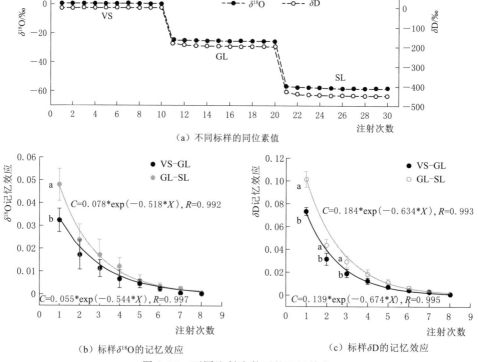

（a）不同标样的同位素值

（b）标样 $\delta^{18}O$ 的记忆效应 （c）标样 δD 的记忆效应

图 2.14 不同注射次数下的记忆效应

随着注射针数的增加，氢氧稳定同位素的记忆效应均符合指数衰减形式，这与 Penna 等（2012）研究结果一致。同时，也表明每一针都存在一定的记忆效应（Groning 等，2011）。在处理测量序列记忆效应的过程中，不应仅因为前三针存在记忆效应而将其剔除，需对每一针进行记忆效应的修正，从而减少针数，提高分析效率。

本书采用 Cui 等（2017）中对记忆效应的修正方式，并结合 van Geldern 等（2012）对序列的优化安排做出如下优化，如图 2.15 所示。

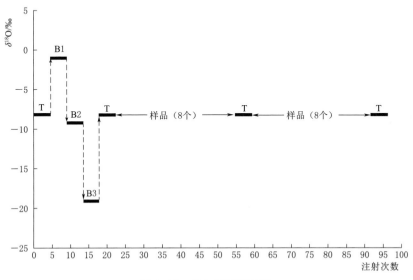

图 2.15　优化后测样序列

（1）在序列开始测定前，测定 10 针蒸馏水，清洗进样针并计算仪器的精度和稳定性；选择能够包含测定未知样品整个范围的三种标样（B_1、B_2、B_3），以及配置同位素值稳定的已知样品 T（用于仪器稳定性检验）。

（2）编制测样序列，每个样品设置测定 4 针。首先测定标准样品，标准样品按同位素比值由高到低排列，测定完标准样品后进行已知样品测定，作为标样和未知样品间的过渡样品。同时在该样品测定过程中用 NMP 试剂（N‐Methyl‐2‐purrolidone，N‐甲基吡咯烷酮）进行注射针的清洗。然后，测定 8 个未知样品，预先按同位素值由大到小排列，最后是已知样品测定，进行仪器稳定性检测。

（3）采用 Cui 等（2017）的方法对每个样品的前 3 针进行记忆效应校准，为

$$X_n^c = \frac{X_n - \sum\limits_{i=1}^{k} ME_i\, X_{n-i}^c}{1 - \sum\limits_{i=1}^{k} ME_i} \tag{2.2}$$

式中：X_n^c 和 X_n 分别为修正值和测量值，ME_i 为记忆效应，本书选择 $k=3$，n 为

测样针数。

（4）测试结束后，将每个样品修正后的 4 针均值作为测量值，并拟合标样的氢氧稳定同位素的测量值和真值间的线性方程，将所有未知样品的测量值代入进行校准。

对低温真空抽提获得的未知样品进行优化序列和传统测定（每个样品测定 7 针，排序按 3 组标样和 8 个未知样品进行，舍弃前 3 针进行分析），测定结果见表 2.5。由表 2.5 可得出，两种方法的测量结果并无显著差异。测定 16 个样品优化测定需时间 828min，而传统测定方法需时间 1386min。再去除洗针和 10 针稳定性测试针所耗时间，测定 16 个未知样品，优化测序后测试时间可节约至少 7h。

表 2.5　　　　　　不同测样序列下未知样品水稳定同位素比值

样品编号	传 统 测 定 方 法		优 化 测 定 方 法	
	$\delta^{18}O/‰$	$\delta D/‰$	$\delta^{18}O/‰$	$\delta D/‰$
S1	2.904 ± 0.032	-34.546 ± 0.122	2.836 ± 0.062	-34.801 ± 0.244
S2	-8.293 ± 0.039	-65.500 ± 0.033	-8.347 ± 0.025	-65.728 ± 0.017
S3	-10.017 ± 0.027	-75.063 ± 0.065	-10.010 ± 0.014	-75.315 ± 0.064
S4	-8.647 ± 0.023	-64.287 ± 0.031	-8.635 ± 0.028	-64.549 ± 0.036
S5	-8.088 ± 0.056	-61.312 ± 0.070	-8.112 ± 0.093	-61.546 ± 0.110
S6	-9.039 ± 0.033	-67.006 ± 0.045	-9.036 ± 0.004	-67.255 ± 0.084
S7	-9.383 ± 0.028	-69.912 ± 0.076	-9.370 ± 0.020	-70.073 ± 0.025
S8	-9.711 ± 0.017	-72.752 ± 0.050	-9.720 ± 0.038	-73.077 ± 0.004
S9	-5.850 ± 0.039	-65.409 ± 0.433	-5.893 ± 0.036	-65.767 ± 0.078
S10	-5.178 ± 0.050	-40.717 ± 0.022	-5.150 ± 0.005	-40.715 ± 0.171
S11	-9.412 ± 0.025	-69.821 ± 0.069	-9.403 ± 0.004	-69.829 ± 0.049
S12	-8.243 ± 0.032	-61.410 ± 0.083	-8.242 ± 0.013	-61.306 ± 0.098
S13	-8.750 ± 0.030	-64.983 ± 0.115	-8.741 ± 0.009	-64.905 ± 0.052
S14	-9.246 ± 0.053	-69.653 ± 0.118	-9.286 ± 0.009	-69.682 ± 0.092
S15	-8.991 ± 0.048	-68.708 ± 0.063	-9.016 ± 0.030	-68.809 ± 0.018
S16	-11.095 ± 0.012	-83.477 ± 0.049	-11.120 ± 0.000	-83.614 ± 0.026

2.3　枝条水分测定中的潜在分馏效应

2.3.1　枝条水样品最佳抽提时间

植物木质部水样同位素的准确性直接影响果树吸水深度的分析。因此，确定植物枝条抽提的最佳提取时间十分重要。本次试验为保证后期实验分析的精确性，针对 5 年生苹果树木质部枝条，设置不同抽提时间梯度 15min、30min、45min、60min、75min、90min、120min、150min、180min。具体不同抽提时间下土壤水提取率以及水稳定同位素差值如图 2.16 与图 2.17 所示。

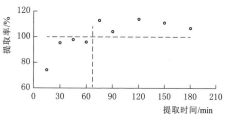

图 2.16　木质部水样不同抽提时间下土壤水提取率变化特征

由图 2.16 可知，在 30～75min 随着抽提时间的增加，提取率在逐渐增大，在 75min 后，抽提率均大于 100％，抽提率范围为 104.1％～113.9％，故完全提取时间为 60～75min。提取率超过 100％的可能原因是，植物枝条木质部伤流液被提取出来，从而增加了提取出来的水样质量。由图 2.17 可以看出，在 30～75min 抽提水样的同位素值差值与达到稳定时的差值逐渐减小，表现为抽提水样同位素值逐渐增大。在 75min 后，抽提水样同位素值基本保持稳定。因此，植物枝条抽提的最短时间在 75min 附近。

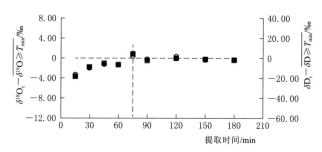

图 2.17　木质部水样水稳定同位素差值的提取时间曲线

2.3.2　枝条水稳定同位素潜在分馏研究

1. 不同采样部位的枝条水同位素差异分析

表 2.6 为不同取样位置下枝条水氢氧稳定同位素比值的变化情况。由表 2.6 可知，径向四个方向的取样，$\delta^{18}O$ 和 δD 基本呈西南偏正、东北偏负，但四个方向的差异并不显著。这与西南方向阳光较为充足，植物叶片生长较旺盛有关。垂向上，上部枝条稍偏正，中下部枝条偏负，但差异也不显著。可见，枝条空间分布并不引起显著的同位素分馏，可认为单株果树其枝条水的稳定同位素信息基本一致。Brinkmann 等（2019）也发现树冠下四个方向的枝条水同位素值无显著差异。

表 2.6 不同取样位置下枝条水氢氧稳定同位素值

枝条不同位置		$\delta^{18}O$（‰）±SD	δD（‰）±SD
径向	东	−7.73±0.11a	−70.22±2.68a
	西	−7.65±0.17a	−68.79±6.33a
	南	−7.64±0.21a	−68.63±5.74a
	北	−7.66±0.13a	−69.63±3.06a
垂向	上	−6.36±0.36a	−58.35±8.23a
	中	−6.76±0.64a	−59.36±4.68a
	下	−6.71±0.32a	−59.98±8.36a
一年生枝	顶稍	−7.02±0.15a	−67.36±2.81a
	中部	−7.38±0.13b	−69.85±2.63b
	底端	−7.55±0.23b	−70.62±0.91b

　　一年生枝条的不同部位，其 $\delta^{18}O$ 和 δD 存在明显差异，顶梢部分的 $\delta^{18}O$ 和 δD 值明显高于中部和底部。这是因为，一年生枝条的底部和中部枝条木质化程度较高，且韧皮部水分含量较少，避免了因蒸腾作用而产生同位素分馏；而顶部枝条相对较细，木质化程度低，表皮不易剥落，蒸腾作用较强，韧皮部水分含量较大且与木质部水存在交换作用，进而造成顶部枝条和底部枝条同位素信息不一致。此外，顶部枝条的叶片较多，此时叶片水可作为顶部枝条水的潜在水分来源，而叶片水受蒸腾影响会造成不同程度的同位素富集，进而通过叶片水的回流作用对顶部枝条水的同位素信息产生影响。相关研究者在其他植物上也发现不同部位的水同位素信息存在差异，吴友杰（2017）在研究玉米茎秆不同位置的同位素信息时，得出不同位置的茎秆具有不同的同位素差异，但其结果为玉米茎秆的中部偏正，上下部偏负；而 Zhao 等（2016）在干旱区胡杨的研究中发现，枝条中的 δD 和树干中的 δD 存在显著差异，不同的结论与不同气候条件、不同物种的枝条具有不同功能有关。综上可知，在单株果树尺度上，采集一年生枝条底端远离叶片的部位，能够有效代表整株果树的同位素信息。

　　2. 不同采样时间的枝条水同位素差异分析

　　通过进一步对比不同时期的枝条水和土壤水的 $\delta^{18}O$ 和 δD 发现，除 3 月以外，其余月份枝条水的 $\delta^{18}O$ 和 δD 均在土壤水的范围之内（图 2.18）。3 月枝条水的 $\delta^{18}O$ 和 δD 显著高于其他月份，且比土壤水 $\delta^{18}O$ 和 δD 当月的最大值都要高。这说明该时期枝条水的同位素富集现象并不是由吸收土壤水导致的，因为取样前后并无降雨或者灌溉等外来水源供给，这时的植物只能利用土壤水，故其枝条水的 $\delta^{18}O$ 和 δD 本应与土壤水一致，但在试验中却观察到了枝条水富集现象，并与土壤水的 $\delta^{18}O$ 和 δD 不一致。同时，取样时确保了未发生采样过程中的同位素分馏，而且该时期果树叶片还未生长，故此时枝条发生的同位素富集现象是由其自身蒸发所导致的（Treydte 等，2014），Zhang 等（2018）在华北落叶松的非生育期也发现了类似的枝条同位素富集现象。虽然木质化茎秆的蒸发量非常小（Schönherr 等，1982），但对非主要生育期的落叶乔木和春季常绿乔木而言，枝条蒸发是其重要的耗水形式（童德中等，1982；Ellsworth 等，2015），这就导致了非生育期枝条水存在蒸发分馏现象，故不能利用稳定同位素技术分析非主要生育期的苹果树水分利用情况。

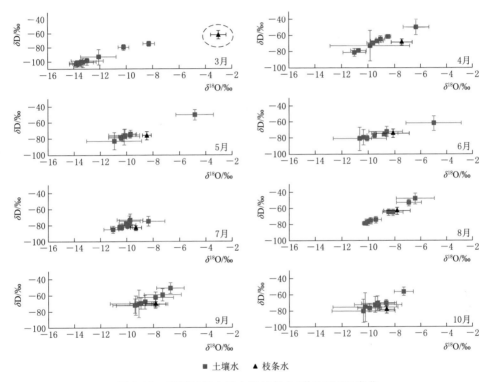

图 2.18　不同时期土壤水和枝条水 $\delta^{18}O$ 和 δD 变化

2.4　小结

本章通过研究样品采集、抽提和分析各环节中存在的潜在分馏，得出如下结论：

（1）在抽提过程中，加热温度过低或过高，均会造成抽提过程中的水稳定同位素分馏；不同填充物也会引起一定的吸附分馏。综合不同抽提时间和土壤含水率，得出本试验条件下土壤样品的最佳抽提温度为 90℃，最佳填充物为海绵，抽提时间为 90min。

（2）样品测定过程中瓶口及瓶盖凝结水的蒸发分馏，对于氧稳定同位素的影响可以忽略，但对氢稳定同位素会产生 0.5‰～1.5‰的误差，在分析过程中应采用装满 2mL 或适时摇晃均匀的方式避免这一误差。

（3）通过分析不同标样的排列顺序和注射针数，建立了提高测试效率的优化测序方法。对比测定 16 个未知样品，该方法较传统方法能够在保证测量精度的前提下缩短 7h 的测量时间。

（4）通过对不同枝条采样位置的研究得出，采集西南侧中部的一年生枝的底端部位，可以代表整株苹果树的同位素信息。而在非生育期内由于枝条水存在分馏，并不适合使用稳定同位素技术进行分析。

第 **3** 章

不同灌溉方式下
苹果树根系吸水深度研究

3.1 引言

苹果是世界四大水果之一，我国是苹果生产大国。根据联合国粮农组织（FAO）发布的数据显示，我国 2020 年苹果总产量为 4050.14 万 t，约占世界的 46.85%。但是，我国苹果产业整体存在水分利用率低、由水肥施用不当等引发的果品整体质量不高等问题，具体表现为单产水平低（先进国家可达 19.5～30t/hm²，我国约 15t/hm²，仅为世界单产最高水平的 20%）(王秀娟等，2012)，优质果率较低，且高、低质量苹果市场比例失衡（刘梦琪等，2018）。这直接制约着当代苹果产业的可持续发展。随着人民消费水平的提高和对生活品质的追求，对优质苹果的需求日趋旺盛，优果优价的趋势也日益明显。这给现代科技工作者和果农提出一个新课题，即如何提高果园水肥利用率，促进果园节本提质增效，实现可持续发展，进一步提升我国苹果产业在世界果业的竞争力，使"三农"政策落到实处。

我国苹果生产区主要集中在北方干旱、半干旱地区，而该区域内水资源紧缺、干旱和水土流失问题在同一年内交替发生，自然降水的时空分布与果树需水规律往往不一致，易出现春旱、伏旱和冬旱，因此大力发展果园节水灌溉技术需得到高度重视。目前，苹果园常用的灌溉技术有地面灌溉、喷灌、微灌等。其中，80%以上的苹果园仍以地面灌溉为主，这种方法简单，但多是盲目灌溉，灌溉水利用效率低。随着矮砧密植果园在我国苹果园中的比例逐渐增加（林悦香等，2019；Zhao 等，2016），这种粗放式的灌溉方法更易造成矮砧苹果树受到水肥亏缺的影响。喷灌、微灌的灌溉水利用系数虽然较高，但这些技术对水质要求较严且设备维护成本高，因此在我国北方多沙河流和经济欠发达地区的推广有一定难度。此外，上述灌溉方法在解决我国北方严重的水土流失问题方面能力不足。基于此现状，国内学者提出了蓄水坑灌法（马娟娟等，2017）。该方法将节水、保水、抗旱与保持水土等功效相结合，且其推广应用成本低、技术简单、易于果农掌握，因而在我国干旱、半干旱地区果林灌溉中应用前景广阔。

蓄水坑灌法与现有的其他灌溉方法不同，水分通过坑壁侧面入渗，能够直接、快速地渗入果树根区土壤，并主要分布在根区中深土层。土壤剖面水分分布的不同，会影响植物根系在土层中的分布和吸水状况以及植物的抗旱能力和产量品质的形成。目前，已通过室内模拟和田间实测的方式，就蓄水坑灌下土壤水分运动分布以及根系生长情况、果树蒸腾蒸发等做了相关研究，研究表明蓄水坑灌的节水保水效果明显。蓄水坑灌条件下，果树吸水根系深扎有利于吸收深层土壤水分，但是，深扎的根系吸收深层次的土壤水分的能力究竟有多大？为了准确地回答该问题，对不同灌溉方式下的苹果树吸水深度进行精确地评估是十分必要的。

水稳定同位素技术已被发现是当前研究果树吸水深度的一个强有力的工具（汤显辉等，2020）。基于水稳定同位素在植物根系吸水和茎流运输过程中通常不会发生分馏的假设（Penna 等，2021），通过定量测定植物木质部水分和不同土层水分中水稳定同位素比值的变化，可以在原位进行植物根系吸水深度的研究。目前，水稳定同位素方法被越来越多地应用于森林、荒漠、农林等生态系统中进行根系吸水的研究。同时，该技术用于果树根系吸水深度研究日益受到重视（Chen 等，2021），但就基于水稳定同位素技术，研究由于灌溉方式的不同而引起的果树根系吸水层位变化的研究还相对较少。

在掌握不同灌溉方式下苹果树土壤水稳定同位素分布特征的基础上，本章将利用水稳定同位素技术来量化蓄水坑灌下的根系吸水层位，并结合微根管技术监测根系生长和根区土壤环境的变化，以说明蓄水坑灌能够促进苹果树中深层根系的生长，进而改变根系吸水层位，进一步明确不同灌溉方式对根区水分迁移的影响机制，为制定合理灌溉制度提供依据。

3.2 试验方案

3.2.1 试验区概况

本书中的田间试验主要于 2016—2017 年的苹果树主要生育期（4—10 月）在山西省农科院果树所"果树节水灌溉示范园"中进行。试验区位于山西省晋中市太谷县（北纬 37°23′，东经 112°32′），海拔 781.9m，年平均气温为 9.8℃，多年平均降水量为 459.6mm。试验区 0～200cm 土壤类型主要为粉砂壤土，其

平均容重为 $1.47g/cm^3$，平均田间持水量为 30%，土壤主要物理特性见表 3.1。

表 3.1   试验区土壤物理参数

土层深度/cm	土壤质地	田间持水量/(cm^3/cm^3)	饱和含水率/(cm^3/cm^3)	干容重/(g/cm^3)
0~30	粉砂壤土	0.30	0.51	1.49
30~70	粉砂壤土	0.28	0.52	1.44
70~120	粉砂壤土	0.29	0.44	1.56
120~170	壤土	0.32	0.50	1.51
170~200	壤土	0.30	0.52	1.45

2016—2017 年试验区苹果树生育期内各月份主要气象因子见表 3.2。气象数据各因子由试验区自动气象站（Adcon_Ws 无线自动气象站）监测记录，主要气象因子为太阳辐射（Rs），相对湿度（RH），大气温度（Ta）和降水量（P），并由此计算饱和水汽压差（VPD）和参考作物蒸发量（ET_0）。其中，VPD 采用式（3.1）进行计算：

$$VPD = \left(1 - \frac{RH}{100}\right) \times 0.611 \times \exp\left(\frac{17.27 \times Ta}{Ta + 237.3}\right) \quad (3.1)$$

表 3.2   试验区各月主要气象因子

年份	月份	Rs/(W/m)	RH/%	Ta/℃	P/mm	VPD/kPa	ET_0/mm
2016	4	239.55	55.52	16.26	48.6	0.79	130.78
	5	234.67	59.85	18.17	24.0	0.81	168.79
	6	265.69	73.35	23.19	76.0	0.71	187.17
	7	233.92	87.91	25.05	262.8	0.35	170.89
	8	240.54	87.64	25.24	134.2	0.35	155.29
	9	224.33	82.37	20.18	24.2	0.39	123.81
	10	155.75	83.39	12.95	58.5	0.21	74.19
2017	4	237.13	52.63	14.69	31.0	0.80	124.57
	5	258.58	49.91	21.25	43.6	1.18	191.65
	6	241.54	72.87	23.07	51.6	0.72	187.47
	7	228.24	79.65	26.75	125.4	0.67	194.26
	8	214.65	88.24	23.91	95.0	0.33	151.73
	9	199.51	81.01	20.29	6.6	0.42	125.15
	10	106.32	91.23	12.08	104.2	0.12	65.83

ET_0 采用 Hargreaves 公式计算，公式为

$$ET_0 = 0.0023Ra(T_{mean} + 17.8)\sqrt{T_{max} - T_{min}} \tag{3.2}$$

式中：T_{max}、T_{min} 和 T_{mean} 分别为日最高气温、最低气温和平均气温，℃，$T_{mean} = (T_{max} + T_{min})/2$；$Ra$ 为大气顶层辐射量，MJm^2/d。2016—2017 年苹果树 ET_0、P 和 Ta 逐日变化如图 3.1 所示。

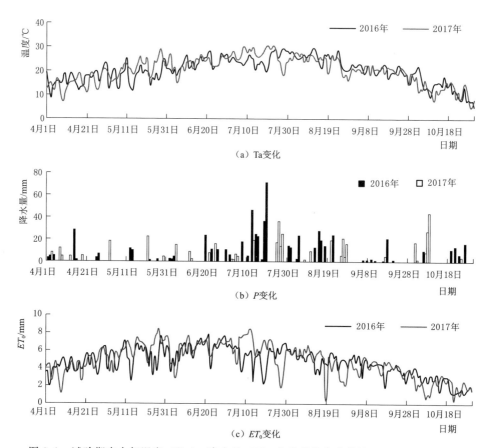

（a）Ta 变化

（b）P 变化

（c）ET_0 变化

图 3.1 试验期内大气温度（Ta）、降水量（P）和参考作物蒸散量（ET_0）逐日变化

3.2.2 试验方案设计

本试验选择树冠大小、树干直径一致且无病虫害的 5 年生矮砧苹果树为试材，果树的株行距为 2m×4m，以单株果树为小区。试验设两种灌溉方式：蓄水坑灌（坑深 40cm，直径 30cm，相关田间工程于 2015 年 4 月布置）和地面灌溉（SI），其中蓄水坑灌分为与地面灌溉灌水量一致（WSPI）和灌水量减半（$WSPI_{/2}$）的两种处理，共计三个处理，每个处理 6 次重复。灌水量减半处理

（WSPI$_{/2}$）是基于蓄水坑灌的棵间蒸发为地面灌溉的52％以及前期对蓄水坑灌不同灌溉上下限的优化得出的最佳灌水限额（60％～90％田间持水率）进行确定的（郭向红，2010；赵运革，2017）。地面灌溉的灌溉定额、灌水时间参考了当地果园传统灌溉制度（在萌芽花期4—5月、新梢旺长期6—7月以及果实膨大期8—9月进行灌溉，单次灌溉定额为30m³/亩）并结合叶片舒展情况而定。蓄水坑灌处理下的灌水时间和灌水量与地面灌溉保持一致，具体试验方案见表3.3。其余日常管理如施肥量、修剪、除草等与当地果园管理相同。

表 3.3   不同灌水处理的灌水时间和灌水量

年　份	灌水时间	灌水量/（m³/亩）		
		SI	WSPI	WSPI$_{/2}$
2016	4月21日	30	30	15
	6月1日	30	30	15
	9月6日	30	30	15
	小计	90	90	45
2017	4月19日	30	30	15
	5月17日	30	30	15
	6月19日	30	30	15
	7月19日	30	30	15
	8月16日	30	30	15
	小计	150	150	75

3.2.3　测试内容与测试方案

1. 测试内容

田间试验的主要测量内容包括根系生长、根重和根系活力测定，土壤水分和温度，土壤水和枝条水稳定同位素测定。

2. 测试方案

（1）微根管监测技术测定根系生长。基于前期对试验区内矮砧苹果树根系分布的研究（李蕊等，2017；郑利剑等，2015；郝锋珍等，2014）和文献中关于矮砧苹果树根系分布的研究（Eissenstat 等，2018；An 等，2017；高琛稀等，2016；Li 等，2015）可得出，本试验区内矮砧苹果树的根系主要生长区集中在0～100cm，并结合微根管合理布置角度和长度（Abrisqueta 等，2008）综合考虑，本书主要利用微根管技术对根区0～100cm进行细根生长监测。

考虑到微根管的安装可能对根系造成潜在扰动，故在试验前的2015年4月进行了微根管的安装，每个处理3次重复。待根系环境稳定1年后于2016年

4—10 月以及 2017 年 4—10 月的各月月末，采集微根管的根系照片。如图 3.2
所示，在距离树干 50cm 处安装微根管，倾斜角度为 45°，并将微根管露出部分
用黑色防水胶带进行避光处理。将微根管监测仪（BTC‑100X）插入微根管中，
按不同角度（每层按 0°、45°、90°、135°、180°、225°、270° 和 315° 进行）并以
13.5mm 为一层获取细根的图片。将所有根系图片按土层深度分为 5 层（0～
20cm、20～40cm、40～60cm、60～80cm 和 80～100cm），并利用 WinRHIZO
Tron 软件分析细根的根长。

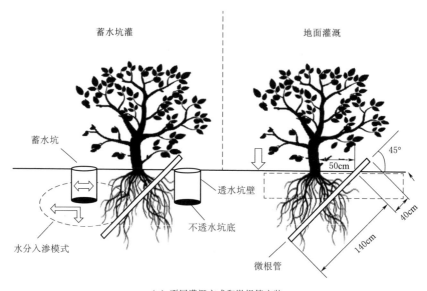

（a）不同灌溉方式和微根管安装

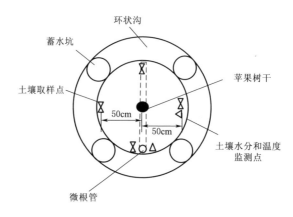

（b）相关测点平面布置

图 3.2　微根管安装和相关测点布置

（2）土壤含水率和土壤温度监测。在测定细根生长的同时，对根区土壤含水率和土壤温度进行同步监测，监测点的布置如图 3.2（b）所示。基于文献（郑利剑等，2015）的研究得出，蓄水坑灌下选择不过坑方向的测点可代表单株果树土壤水分状况，地面灌溉选择距树干 50cm 的相同位置进行表征。土壤含水率采用 TRIME-PICO-IPH 管式 TDR 含水率监测仪进行对应 0～100cm 土层的测定，并于灌前、灌后进行加测。土壤温度采用自记温度传感器测定 0～100cm 土层的温度，每隔 30min 记录一次数据。

（3）根系活力与根重密度测定。在 2016 年 10 月和 2017 年 10 月，测定不同灌溉处理下苹果树的根系活力与根重密度。利用根钻法（内径 7cm）对根区土壤以 20cm 为间隔取 0～100cm 土层土样，取样位置如图 3.2（b）所示，每个处理 3 次重复。将取回土样经过筛、清洗后，挑出所有根系。利用氯化三苯基四氮唑（TTC）方法和紫外分光光度计测定不同土层的根系活力。用天平称量不同土层的根干重，并计算根重密度。

（4）水稳定同位素枝条和土壤样品采集。从 2016 年 4 月起，在苹果树生育期的每个月选择无降雨且无灌溉的晴天，选取不同灌溉处理下的一年生木质化枝条（底端 5cm），将枝条快速去皮后放入 10mL 离心管中，用 Parafilm 膜密封后于 −20℃冷冻保存，每个处理 3 次重复。同时，取枝条所对应的土壤样品，测点布置如图 3.2（b）所示，按 20cm 取 0～160cm 深度的土壤，每棵树取 4 个测点的土样并将其分层混匀后分装于 50mL 离心管中，用 Parafilm 膜密封后于 −20℃冷冻保存待测，每个处理 3 次重复。针对地面灌溉和蓄水坑灌下不同径向和垂向的土壤水稳定同位素分析中，分别在 2016 年的 4 月、7 月和 9 月选择无灌溉、无降雨的晴天，在径向上选取距离树干 30cm、60cm 和 90cm 的不同位置（树冠投影范围内）进行土壤样品的取样，每隔 20cm 一层取 0～160cm 的垂向深度进行分析。蓄水坑灌下分为过坑和不过坑方向的 30～90cm，求取两个方向对应点的平均值作为蓄水坑灌下不同径向的土壤水同位素值，而地面灌溉选取和蓄水坑灌不过坑方向一致的方向进行采样。

（5）水稳定同位素测定。枝条和土壤样品均需经过低温真空抽提系统进行提取，抽提时间为 1～2h，将抽提出的水样经过滤后放置于 2mL 样品瓶中待测。

不同部位中水样的 δD 和 δ^{18}O 利用 Picarro L2130-i 激光光谱仪进行测量。δD 和 δ^{18}O 计算公式为

$$\delta^{18}O/\delta D = (R_{sample} - R_{standard})/R_{standard} \times 1000 \tag{3.3}$$

式中：R_{sample} 为样品中元素的重轻同位素丰度比（如 $^2H/^1H$，$^{18}O/^{16}O$）；$R_{standard}$ 为国际通用标准物的重轻同位素丰度之比；δ 值的正负表示样品比率相对标样的高低。

样品中有机物污染采用 Micro－Pyrolysis 模块和 ChemCorret Post－process-ing 软件除去。测量结果用国际原子能机构的 3 种标样（SLAP、VSOMW 和 GISP）校准。测量精度 δD 和 $\delta^{18}O$ 分别为±1‰和±0.1‰。

3.3   结果与分析

3.3.1   不同灌溉方式下苹果树根系生长动态

本节利用微根管技术研究蓄水坑灌下细根生长变化，并结合对根区水热动态的监测，分析不同灌溉方式对苹果树根系生长的影响。

图 3.3 为不同灌溉处理下苹果树细根的总根长变化。由图 3.3 可知，在 2016 年，不同灌溉处理下苹果树细根的生长变化基本一致，在 7 月达到生长峰值；对于 2017 年，4—5 月根系生长显著下降，并在 6 月和 9 月达到生长峰值。不同灌溉处理在峰值处的总根长具有显著差异（$P<0.05$）。以 2016 年为例，蓄水坑灌 WSPI 处理（1173.34mm±98.23mm）较相同灌水量条件下的地面灌溉 SI 处理（1054.04mm±147.09mm），其总根长增加了 10.2%，而 WSPI$_{/2}$ 处理（909.46mm±204.18mm）较 SI 处理，其灌水量虽减半，但其总根长均值仅下降了 13.7%。

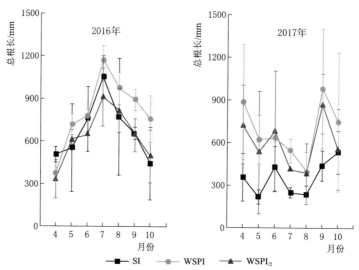

图 3.3   不同灌溉处理下苹果树细根的总根长变化

由于 2017 年 4 月大气平均温度较 2016 年低 1.57℃，果树在萌芽前受到冻害。加之在 2017 年 5 月和 7 月的大气温度持续升高，5 月和 7 月平均温度较 2016 年分别高出 3.07℃和 1.7℃。虽进行多次灌溉，但树木的整体生长受到一定影响，故各处理的总根长在 5 月和 7 月有所降低。即便如此，蓄水坑灌下的苹果树根区在经过越冬期的雨水集蓄以及 2016 年生育末期总根长的增加（SI 处理总根长为 442.76mm±253.02mm，WSPI 处理总根长为 758.93mm±164.98mm，WSPI$_{/2}$ 处理下总根长为 494.01mm±183.46mm），这使得 WSPI 下苹果树的根系生长量在 2017 年的 4 月显著高于 SI 处理（$P<0.05$），且在 2017 年生育期内，蓄水坑灌不同处理下的苹果树根系生长状况整体要优于地面灌溉。

由图 3.3 的根系生长可得出，针对不同年份的气温和降水情况，可对蓄水坑灌下的果树灌溉制度做进一步优化。在降水充沛时，需考虑蓄水坑灌集蓄雨水的能力，适度减少灌水量也不会影响果树根系生长；而在大气温度较高、降水量较小时，适度增加灌水量则有利于促进果树根系生长。以 7 月为例，2016年 7 月降雨量达 262.8mm，WSPI$_{/2}$ 处理的灌水量虽是 WSPI 处理的一半，但其总根长仅比 WSPI 处理减少了 25%；在 2017 年 7 月，大气温度较高，WSPI$_{/2}$ 处理总根长较 6 月平均下降 264.88mm，而 WSPI 处理的总根长仅下降了125.09mm。

分析不同土层深度的根系分布情况，能够获得不同灌溉处理下根系的主要生长层位。由图 3.4 可知，地面灌溉 SI 下苹果树根系的主要生长层位为 0～40cm。其中，根长生长的峰值区在 20～40cm 土层，平均根长在 2016 年和 2017年分别为 281.56mm±81.63mm 和 163.83mm±56.40mm，分别占总根长的40% 和 42.6%，是蓄水坑灌 WSPI 处理（174.88mm±69.27mm 和 134.33mm±87.59mm）的 1.6 倍和 1.2 倍；是 WSPI$_{/2}$ 处理（134.67mm±38.25mm 和104.74mm±68.75mm）的 2.1 倍和 1.7 倍。相关研究者也得出矮砧苹果树的根系主要分布在 0～40cm 土层（An 等，2017）。

蓄水坑灌下，苹果树在 0～100cm 范围内均有分布，根系生长的峰值区为40～60cm。其中，WSPI 处理在 2016 年和 2017 年的平均根长分别为 349.77mm±137.17mm 和 310.94mm±142.73mm，占总根长的 41.3% 和 45.6%，是 SI处理根长（142.46mm±97.28mm 和 57.22mm±39.91mm）的 2.5 倍和 5.4倍；WSPI$_{/2}$ 处理则分别为 292.64mm±172.84mm 和 240.13mm±168.27mm，是 SI 的 2.1 倍和 4.2 倍，占总根长的 43.8% 和 37.1%。

对比不同年份 5 月和 7 月各土层的根长动态图可知（图 3.4），当气温升高导致表层土壤蒸发加剧，地面灌溉和蓄水坑灌的表层根系生长均明显减少。地面灌溉下苹果树根系在 40cm 以下有增长趋势，但由于灌溉和降雨均集中在表层，故 20～40cm 仍是根系生长的峰值区。而蓄水坑灌下苹果树的根系生长峰值区始终在 40cm 以下，当降雨频发时（如 2016 年 7 月和 2017 年 10 月），表层根系生长又有所增加，从而使得整个根区根系分布更为均匀，增强了其抵抗干旱的能力。

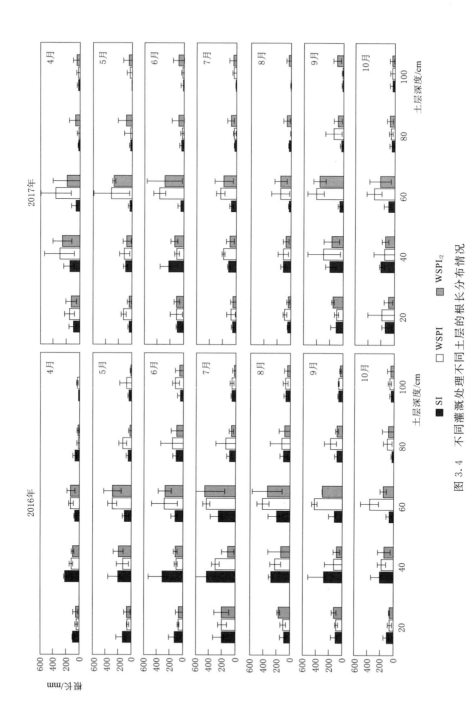

图 3. 4　不同灌溉处理不同土层的根长分布情况

　　根重密度和根系活力也是评价果树根区生长的重要指标。在 2016 年和 2017 年苹果树生育期末，利用根钻法和 TTC 法分别测定了不同灌溉处理下 0～100cm 土层的根系活力和根重密度，具体如图 3.5 所示。

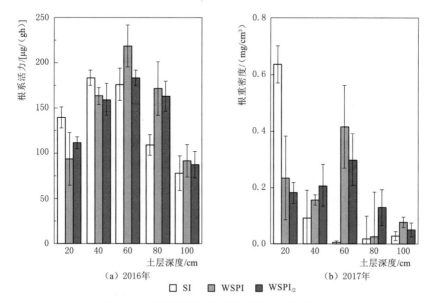

图 3.5　不同灌溉处理下根系活力和根重密度

　　由图 3.5 可知，不同灌溉处理下，苹果树根系活力的差异主要集中在 40～80cm。较地面灌溉，蓄水坑灌的不同处理均能显著增加 40cm 以下的根系活力；而在 80～100cm，不同处理间的根系活力差异并不显著（$P>0.05$）。

　　就根重密度而言，不同灌溉处理的差异主要集中在 0～20cm 和 40～60cm 土层，在 80～100cm 以下的差异并不显著。而宋小林（2017）在研究肥水坑施技术对苹果树根重密度的影响时却发现，肥水坑 40cm 显著增加了土层 80cm 以下的根重密度，这是由于其选取的果树树龄较大且地处旱地果园，肥水坑对根系深扎的作用更为明显。

　　在明确果树根系生长动态的基础上，本书将结合根区土壤环境如土壤水分和温度变化，进一步揭示蓄水坑灌下根系生长与环境变化的响应机制。

3.3.2　不同灌溉方式下根区土壤水热环境变化

1. 土壤水分变化

　　土壤水分的变化是苹果树水分迁移的起点。不同灌溉方式由于其灌溉水入渗特征的不同，会导致根区土壤水分分布发生变化，具体结果如图 3.6 和图 3.7

所示。

通过绘制不同灌溉处理下土壤含水率变化图可知（图 3.6 和图 3.7），地面灌溉下土壤含水率的高值区集中在 40cm，而蓄水坑灌不同处理下的高值区基本位于 60～80cm。在 2016 年和 2017 年，SI 下 0～20cm 土壤含水率的均值分别为21.2% 和 20.29%，是 WSPI 处理的 1.12 倍和 1.13 倍、WSPI$_{/2}$ 处理的 1.14 倍和 1.17 倍。蓄水坑灌显著提高了 40～80cm 土层的含水率，使土壤含水率基本保持在 23% 左右。较地面灌溉，WSPI 处理下 40～80cm 的土壤含水率分别在2016 年和 2017 年提高了 1.09 倍和 1.14 倍，WSPI$_{/2}$ 处理则提高了 1.03 倍和1.06 倍。

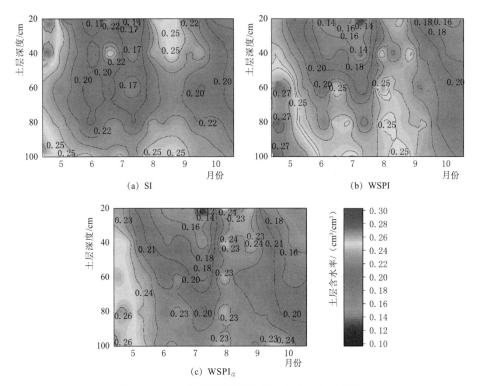

图 3.6   2016 年不同灌溉处理下土壤含水率变化

2016 年 7 月 8—20 日出现连续降雨，降雨量达 237.4mm。受田间土壤含水率监测仪 TDR 的限制，故图 3.6 中仅展现了降雨前后土壤含水率的变化。由图3.6 可知，降雨后，蓄水坑灌在 0～100cm 土壤剖面的含水率较为均匀，而地面灌溉下土壤含水率在表层 0～40cm 和 100cm 附近出现高值区，这表明蓄水坑灌具有集蓄雨水的能力，而突降连续暴雨使得地面灌溉出现深层渗漏。

由图 3.7 可得出，在 2017 年 6—8 月，由于气温升高，土壤蒸发加剧，在同时实施地面灌溉和蓄水坑灌后,地面灌溉下土壤剖面水分未见显著回升,而蓄水坑灌下的表层含水率虽降幅明显,但水分多集中在 40cm 土层以下,避免了过量蒸发,也规避了整个剖面含水率受蒸发影响而大幅降低的风险。

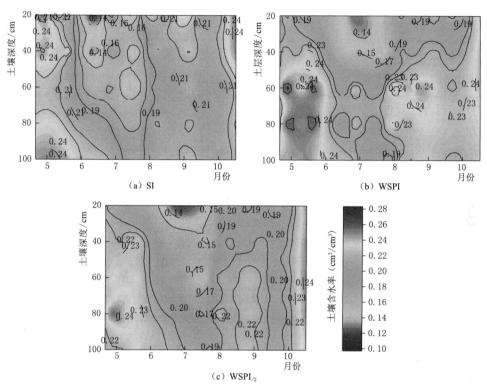

图 3.7 2017 年不同灌溉处理下土壤含水率变化

综上可知,蓄水坑灌能够增加 40cm 以下土层的土壤水含量,进而促进 40cm 以下根系生长。赵运革(2017)研究表明不同灌溉方式下,土壤水分分布与根系生长和根系活力呈正相关。根区土壤水分的改变,可能对根区土壤温度造成一定影响。同时,蓄水坑的存在导致土壤临空面的增加,也会引起土壤温度的变化。目前,就蓄水坑灌下对土壤温度变化的研究,仅局限在不同坑口覆盖形式和结构对土壤温度变化的影响,并未随根系的季节生长而进行长期监测。

2. 土壤温度变化

土壤温度是影响土壤生物学特性和根系生长的主要因素之一,不同的灌溉方式会对土壤温度产生不同的影响。由图 3.8 和图 3.9 均可得出,土壤温度随时间的变化而变化。不同灌溉处理的土壤温度均在 2016 年的 6—7 月达到最大,2017 年是在 7 月达到最大。在垂直土壤剖面方向上,2016 年与 2017 年均表现

49

出，在 8 月之前，土壤温度随土层深度的增加而降低，而在 8 月之后，土壤温度随土层深度的加深而升高。

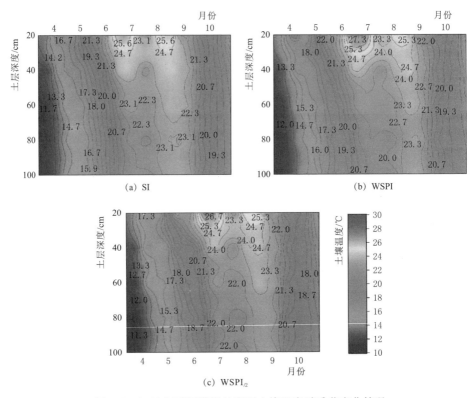

图 3.8　2016 年不同灌溉处理下土壤温度随季节变化情况

利用图 3.8 和图 3.9 中的数据，对不同灌溉处理下的土壤温度进行聚类分析，可将土壤温度分为三类，即表层（0~20cm）、中层（20~40cm，40~60cm）以及深层（60~80cm，80~100cm）。

对于 0~20cm 土层而言，蓄水坑灌较地面灌溉显著增大了该层的土壤温度（$P<0.05$）。其中，在 2016 年，WSPI 处理与 SI 的土壤温度最高相差 1.6℃，4—10 月该土层温度平均升高了 0.4℃；WSPI$_{/2}$ 处理与 SI 的土壤温度最高相差 1.7℃，4—10 月的土壤温度平均升高了 0.3℃。在 2017 年，WSPI 处理与 SI 的土壤温度最高相差 2.8℃，4—10 月的土壤温度平均升高了 1.2℃；WSPI$_{/2}$ 处理则平均升高了 1.9℃，与地面灌溉的土壤温度最高相差 4.1℃。而对于 20~40cm 土层，不同年份下蓄水坑灌不同处理较地面灌溉温度平均增加了 0.1~0.3℃，但不同处理间差异并不显著（$P>0.05$）。而 40cm 以下，不同处理间的土壤温度变化的标准差在 0.25℃ 左右，不同灌溉处理对土壤温度基本无影响。

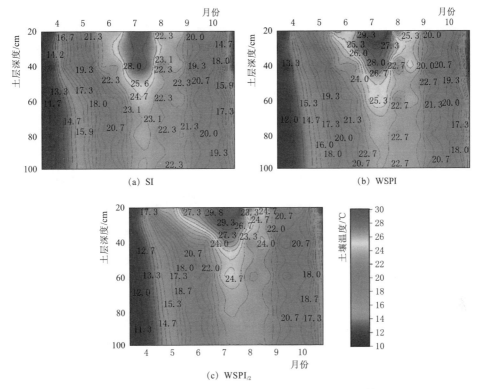

图 3.9 2017 年不同灌溉处理下土壤温度随季节变化情况

土壤温度梯度的变化能够表征剖面土壤温度沿深度的热传递强度和热传输方向变化情况。当土壤温度梯度为负时，表示土壤热量向下传递；当土壤温度梯度为正时，表示土壤热量向上扩散；同时，温度梯度的绝对值表示热传递的强度大小。本节通过分析苹果树生育期内（4—10 月）不同灌溉处理下 0～100cm 深度内的土壤温度梯度变化，讨论不同灌溉方式下土壤热传递的快慢情况，结果如图 3.10 所示。

由图 3.10 可知，土壤温度梯度变化整体呈现生育前期（0～140d，4—8 月）为负值，在生育后期（140～200d，8—10 月）为正值。不同灌溉处理土壤温度梯度的差异主要集中在 5—8 月（30～140d），其绝对值的大小基本呈 WSPI$_{/2}$＞WSPI＞SI。这表明较地面灌溉，蓄水坑灌能够有效促进土壤温度热量向下传递，进而使根区温度升高。2017 年由于气温升高和降雨量相对较少，不同处理间的差异更为显著。

在本试验对土壤温度的监测中，表层 0～20cm 土壤受不同灌溉处理的影响最为显著。故进一步将表层 0～20cm 分为 0～10cm 和 10～20cm 进行分析，如图 3.11 所示。

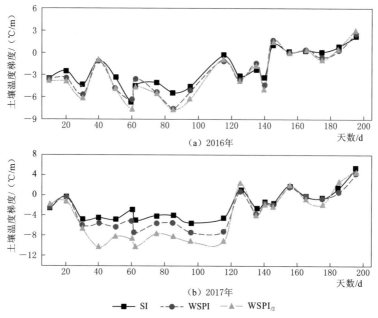

图 3.10　不同灌溉处理下土壤温度梯度变化

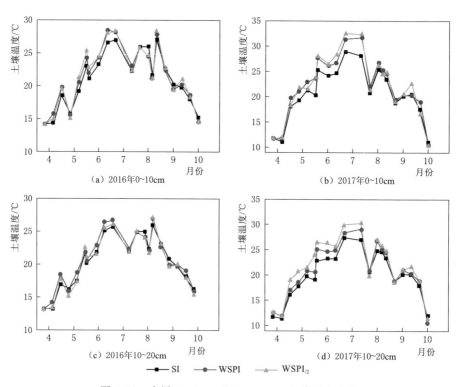

图 3.11　表层 0～10cm 和 10～20cm 土壤温度变化

　　由图 3.11 可知，在 6—8 月，蓄水坑灌与地面灌溉的土壤温度有显著差异，在其他月份则差异较小。在 9 月末到 10 月初，由于大气温度降低，蓄水坑灌下不同处理的表层 0～10cm 和 10～20cm 土壤温度较地面灌溉有下降趋势。

　　综上可知，蓄水坑灌能够显著提高表层 0～20cm 的土壤温度。一方面，是由于不同灌溉方式能够通过影响土壤水入渗特性来影响土壤温度（Lu 等，2015），且表层土壤含水率和土壤温度呈负相关。蓄水坑灌下表层土壤水含水率显著低于地面灌溉，使得表层温度较高；另一方面，蓄水坑灌能够显著降低土壤蒸发，进而减少土壤蒸发的热量耗散。Gao 等（2013）在比较地下灌溉和地面灌溉时，以及 Karandish 等（2016）在比较根区交替灌溉和地面灌溉中，均发现了类似的土壤温度增加现象。

　　相关研究表明，土壤温度的增加，能够促进植物地上部生长并影响干物质累积速率。同时，土壤温度能够直接影响根系的生长情况，也能决定根系生长中光合产物和储存养分（淀粉）的贡献比例。本节通过计算不同灌溉方式下逐月的土壤有效积温情况，并与根系生长进行对比分析，验证蓄水坑灌通过改善根区温度进而促进根系生长的机制。以 2016 年为例，分析不同深度的土壤有效积温（GDD）和对应的细根总长在时间尺度上的相关关系，具体得出的结果如图 3.12 所示。

　　由图 3.12 可知，不同灌溉处理下的土壤有效积温与细根根长具有显著的正相关关系。其中，0～20cm 的土壤有效积温与细根生长的相关性最高，且为极显著水平。40～60cm 和 60～100cm 土层与对应根区的细根生长也分别呈极显著和显著的相关性。仅 20～40cm 的土壤有效积温与根长为不显著的正相关。这是由于该层为地面灌溉下根系的主要生长层位，其细根根长较蓄水坑灌有所增加，但土壤有效积温却低于蓄水坑灌，使得该层土壤有效积温与细根根长的整体相关性有所降低。这表明，蓄水坑灌能够通过增加表层温度，提高土壤有效积温，进而促进果树根系的生长。

　　综合上述根区土壤微环境中土壤水热变化可知，较地面灌溉，蓄水坑灌能够通过增加根区 40cm 以下的土壤水分，提高土壤有效积温，改善根区土壤环境，促进果树根系生长，将最终对苹果树根系吸水深度造成影响。

3.3.3　不同灌溉方式下土壤水稳定同位素分布特征

　　氢氧稳定同位素作为土壤水的组成部分，可将其看作一种溶解于水中的特殊溶质，但不同于盐分等其他溶质，氢氧稳定同位素本身作为水分子的构成部分，会随着土壤水分子的蒸发、水平或垂向迁移而运动，并产生不同程度的分馏，造成其浓度不断变化（马雪宁等，2012），故氢氧稳定同位素能够更精准地从微观上指示土壤水分迁移和转化过程（张小娟等，2015；Huang 等，2016）。

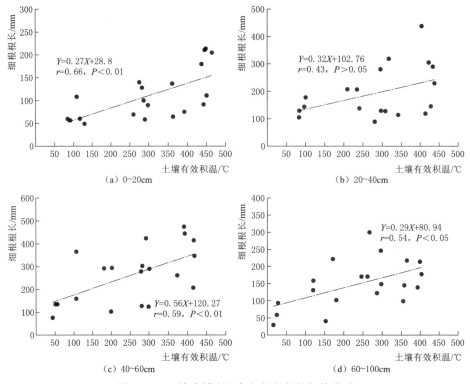

图 3.12 土壤有效积温与细根根长的相关关系

目前，国内外研究多集中在利用水稳定同位素分析降水、蒸发等条件下的土壤水动态变化，针对农林灌溉下的土壤水分动态研究则大多将关注点放在土壤水汽稳定同位素变化上，对灌溉条件下根区土壤水稳定同位素分布特征的研究较少。同时，根区土壤剖面的水分具有显著的氢氧稳定同位素差异也是利用水稳定同位素技术量化植物吸水特征的先决条件。本节利用水稳定同位素技术，研究蓄水坑灌下根区土壤水稳定同位素的变化，为利用水稳定同位素研究苹果树根系吸水深度提供依据。

3.3.3.1 室内水平入渗条件下土壤水稳定同位素分布特征

传统地面灌溉下土壤水分入渗可近似为垂向一维入渗，而蓄水坑灌由于其坑底不透水、坑壁四周渗水的特点，属于三维中深层入渗，即除了垂向入渗，还存在水平入渗。而在水平入渗过程中，土壤水是否会像垂向入渗一样通过迁移、混合导致水平方向的土壤水产生同位素差异，进而影响垂向取样的合理性？目前，还未见利用水稳定同位素技术研究土壤水平入渗的相关报道。室内模拟水平入渗的研究常采用水平土柱进行，并填装为土壤含水率均一的土柱（Mao等，2016）。而在田间实际过程中，水平方向的土壤水分并非均匀分布，存在不同初始含水率、不同水势梯度的入渗，但相关研究却较少。本节利用室内土柱，通过填装不同含水率的土壤（烘干土和风干土）来模拟不同土壤水势梯度下的定水头水平入渗，研究水平入渗过程中水稳定同位素的迁移特征，并阐述其入渗分馏机制。

1. 试验方案

（1）土样和水样制备。参考马斌（2017）就烘干土和风干土的制备过程，将田间试验地 0～20cm 土壤混合均匀，于 105℃烘干 48h，干燥冷却后碾碎过 2mm 筛，加入蒸馏水（$\delta^{18}O=-9.76‰$，$\delta D=-71.32‰$）充分浸泡使土壤水饱和、混合均匀，静置 48h。取部分土样于 105℃烘干 48h，碾碎过 2mm 筛，作为烘干土 OSC 干燥保存（含水率近似为 0）；自然风干后过 2mm 筛，作为风干土 ASC（含水率为 3%），室内密封放置。

（2）试验处理。如图 3.13 所示，采用室内水平入渗装置进行试验。主要包括一个控制入渗水头的马氏瓶和水平土柱。

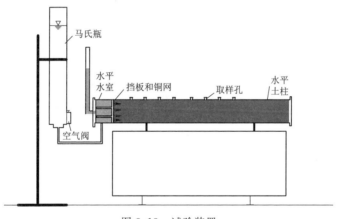

图 3.13　试验装置

根据田间蓄水坑灌坑深为 40cm，马氏瓶也将入渗水头控制在 40cm。入渗水的同位素值为 $\delta^{18}O=-18.76‰$，$\delta D=-143.38‰$，其与蒸馏水存在明显差异，所以在分析过程中能避免蒸馏水所存留的同位素记忆效应，保证结果准确性。

水平土柱长 60cm，内径为 14cm，在土柱上方每隔 5cm 设置取样孔。水平水室长 10cm，从土柱的 10～50cm 开始每隔 5cm 装填土样。共设置 6 个不同初始水势的土柱，分别为：①OSC1，整个 50cm 土柱均匀填装烘干土样；②OSC2，前 20cm 填装风干土样，其余填装烘干土样；③OSC3，前 40cm 填装风干土样，其余填装烘干土样；④ASC1，整个 50cm 土柱均匀填装风干土样；

⑤ASC2，前 20cm 填装烘干土样，其余填装风干土样；⑥ASC3，前 40cm 填装烘干土样，其余填装风干土样。每一个土柱在填装完毕后于室内静置 24h 后再进行试验。

当入渗开始时，用秒表记录入渗时间和马氏瓶读数，按不同时间间隔（5min、10min、30min 等）记录湿润峰推进距离。当湿润峰推进至 45cm 时，快速关闭马氏瓶进水口并按 2cm，5cm，10cm，15cm，20cm，25cm，30cm，35cm，40cm 和 45cm 的间隔取土。将取出的土密封放于离心管中，于 −20℃下保存，通过低温真空抽提提取土壤水，测定其氢氧稳定同位素比值。

2. 不同土柱入渗速率估算

由于土柱内初始含水率不一致，故本书采用 Mao 等（2017）改进后的 Green-Ampt 模型计算不同土柱的土壤入渗速率。

（1）在湿润体内的土壤含水率并非保持一致，而是渐变的，存在临界含水率 θ_0 且 θ_0 在入渗过程中保持不变，可用式（3.4）进行估算：

$$\theta_0 = \frac{2Q}{Ax} - \overline{\theta}_s + 2\theta_i \qquad (3.4)$$

式中：$\overline{\theta}_s$ 为饱和含水率，cm^3/cm^3；Q 为马氏瓶累积供水量，mm^3；A 为水平土柱横截面积，mm^2；x 为湿润峰推进距离，mm；θ_i 为初始含水率，cm^3/cm^3。

（2）湿润峰推进距离 x 与入渗时间 t 可用式（3.5）进行描述：

$$x = At + B(1 - e^{-Ct}) \qquad (3.5)$$

式中：A、B、C 均为拟合参数。

本书利用实测湿润峰和入渗时间数据对各土柱进行拟合，相关系数均在 0.95 以上。故修正后的入渗速率 i 可用式（3.6）描述：

$$i = \left(\frac{\theta_c + \theta_s}{2} - \theta_i \right)(A + BC\, e^{-Ct}) \qquad (3.6)$$

式中相关参数与式（3.4）和式（3.5）的意义一致。根据式（3.6）计算不同土柱入渗速率，结果如图 3.14 所示。

由图 3.14 可知，风干土柱的土壤水入渗速率要高于烘干土柱，故其入渗至水平 45cm 距离所用的时间较短。这是由于虽然各土柱总重保持一致，即保证容重一致，但烘干土孔隙更为密实，增加了土壤入渗阻力。同时，比较 OSC2 和 ASC2 可知，水分从风干土进入到烘干土的入渗速率，要高于从烘干土入渗到风干土的入渗速率。

3. 土壤水稳定同位素分布特征

图 3.15 为不同土柱的土壤水 $\delta^{18}O$ 和氘盈余随水平距离的变化情况。由图 3.15 可知，烘干土柱和风干土柱均以 35cm 为界，在湿润体和湿润峰边缘呈现显著不同的分布。以 OSC1 为例可知，在湿润体内，随着水平距离的增加，其

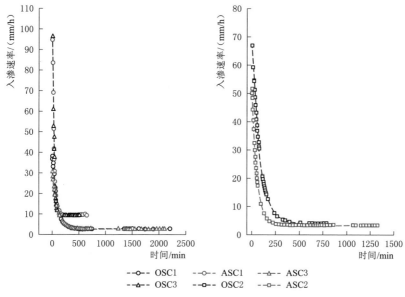

图 3.14 不同土柱的土壤水入渗速率变化

δ^{18}O 有贫化偏负的趋势，且在 35cm 处达到最小值；从 35cm 到湿润体边缘，δ^{18}O 有富集偏正的趋势。而以 ASC1 为例可知，在湿润体内土壤水的 δ^{18}O 基本保持不变，反而在 35cm 处有接近入渗水同位素比值的趋势；从 35cm 到湿润体边缘，δ^{18}O 同样产生富集偏正的趋势且更倾向于蒸馏水的 δ^{18}O（$-9.76‰$）。杨红斌（2014）和马斌（2017）在垂直烘干土柱中也发现类似在湿润体内 δ^{18}O 贫化偏负的现象，但其在湿润峰边缘仍然是偏负，并未出现如本书所示的富集现象。这可能与不同入渗方式和入渗时间的长短有关。

对比 OSC1 和 OSC2 可知，当土壤水从风干土中入渗至烘干土时（水平距离为 20cm 处），会使 δ^{18}O 偏负更加显著。这表明当土壤水从高入渗区向低入渗区迁移时，同位素分馏效应增强；而当土壤水从低入渗区向高入渗区迁移时（对比 ASC1 和 ASC2），在交界面 20cm 附近并未出现明显的同位素差异，这说明随着土壤水入渗时间的增加，土壤水的同位素信息表现得更为均一稳定，受土壤水迁移而产生的分馏效应减弱。

土壤水的氘盈余（d-excess）能够反映土壤中水分的分馏程度（图 3.15），水同位素值越偏负，氘盈余越大。对于烘干土而言，其氘盈余随着水平距离的增大呈增大趋势，且逐渐偏离入渗水的氘盈余；对于风干土而言，其氘盈余随着水平距离的增大呈下降趋势，逐渐接近入渗水的氘盈余。对比 ASC3 和 OSC1、OSC2 可得出，在湿润峰边缘处，OSC1 和 OSC2 的氘盈余呈增大趋势，而 ASC3 呈减小趋势。这表明土壤水同位素在烘干土中的分馏效应要高于风干土，类似的结论也可从对比 OSC3 和 ASC1、ASC2 中得出。

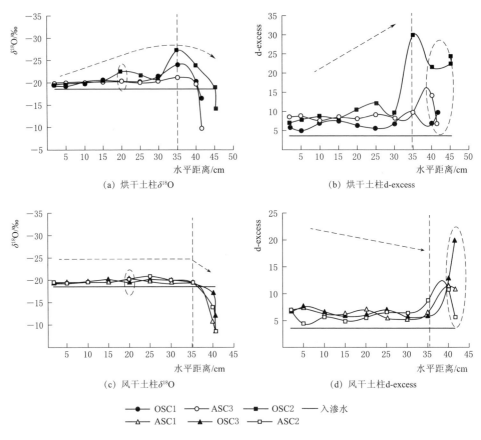

(a) 烘干土柱δ^{18}O

(b) 烘干土柱d-excess

(c) 风干土柱δ^{18}O

(d) 风干土柱d-excess

● OSC1　○ ASC3　■ OSC2　── 入渗水
△ ASC1　▲ OSC3　□ ASC2

图3.15　土壤水和氘盈余（d-excess）随水平距离的变化

进一步分析不同土柱土壤含水率和同位素判别值的相关性可知（图3.16），不同土柱的土壤含水率与同位素判别值均呈显著正相关，即含水率越低，判别值越小，分馏程度越大；而且风干土柱的这种相关性要大于烘干土柱。比较湿润体范围内的土壤含水率与同位素判别值的相关性可知，烘干土柱的土壤含水率与判别值呈显著负相关，而风干土的土壤含水率与判别值相关性并不显著。

烘干土和风干土在湿润体和湿润峰边缘的土壤水稳定同位素产生分馏（即分布不同）的原因如图3.17所示。由于烘干土中不存在水分，当入渗水进入土体中时，重的同位素被束缚在土壤颗粒表面，而轻的同位素会随水的入渗而向前迁移，产生动力学分馏，造成湿润体内土壤水δ^{18}O贫化；而风干土中仍存留有部分束缚水，其对入渗水的束缚作用减弱，且由于入渗速率较大，入渗水的同位素能够随水迁移，动力学分馏效应相对减弱，而土壤自身存在一定的吸附分馏，故在湿润体内土壤水 $\delta^{18}O$ 基本能保持恒定。在湿润体边缘，烘干土和风干土均遵循瑞利分馏的原理，即剩余水体会由于含水率降低而产生分馏。

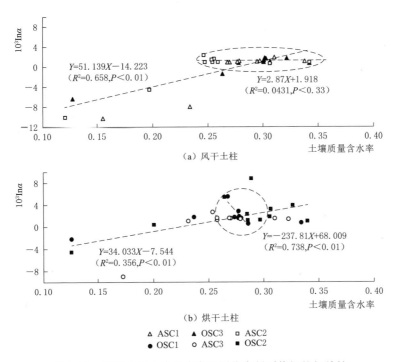

（a）风干土柱

（b）烘干土柱

△ ASC1　▲ OSC3　□ ASC2
● OSC1　○ ASC3　■ OSC2

图 3.16　不同土柱土壤含水率和同位素判别值间的相关性

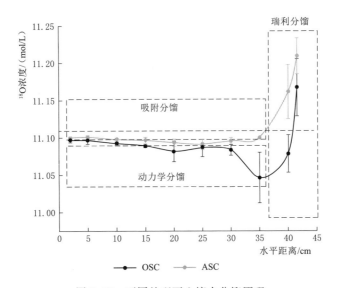

图 3.17　不同处理下土壤水分馏原理

综上可知，在水分水平迁移过程中会产生一定的同位素分馏，且不同含水率下的土壤水同位素的分布特征不同。在本试验区的实际土壤中，并不存在与烘干土类似的土壤水状况，而是类似于风干土，故只要在田间取土过程中避开湿润峰边缘，所获得的同位素数据就可以不考虑水平方向的水分迁移所导致的同位素差异。

3.3.3.2 不同灌溉方式下土壤水稳定同位素总体特征

图 3.18 为试验年苹果园的大气降水线和土壤水蒸发线，由图可知，研究区内大气降水线斜率较全球大气降水线（斜率为 8）偏低，表明研究区内降雨受蒸发影响强烈。相较 2016 年，2017 年的试验区大气降水线的斜率更加偏低，这是由于 2017 年大气温度较高、空气湿度偏低。本书所拟合的大气降水线与 Wang 等（2010）（$\delta D = 7.45 \times \delta^{18}O + 1.74$）在山西省南部测得的大气降水线以及在黄土塬区（$\delta D = 7.39 \times \delta^{18}O + 4.34$）和北京地区（$\delta D = 7.50 \times \delta^{18}O + 4.20$）获得的大气降水线类似（程立平等，2012）。

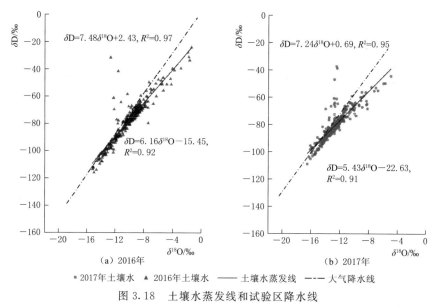

图 3.18 土壤水蒸发线和试验区降水线

如图 3.18 所示，土壤水蒸发线的斜率低于当地大气降水线的斜率。这表明本研究区域内土壤蒸发作用较强，进而使得土壤剖面能够产生明显的梯度分布，便于利用稳定同位素研究果树水分迁移过程。郭飞（2016）在该试验区内测得当地土壤水蒸发线为 $\delta D = 6.09 \times \delta^{18}O - 18.28$，其斜率介于本试验之间，这与试验地不同年份的气候条件和灌溉策略有关。

表 3.4 为不同灌溉处理下不同土层苹果园土壤水稳定同位素的年际变化情况，表明了不同灌溉处理下苹果园土壤剖面的水稳定同位素具有梯度性。土壤

蒸发会导致土壤水同位素产生富集，并在表层达到最大富集程度，即存在土壤蒸发前缘，这使得沿垂向的土壤水稳定同位素整体呈上大下小的指数分布。其中 0～20cm 的土壤水稳定同位素比值最大且变幅也最大，2016 年土壤水 $\delta^{18}O$ 和 δD 的最大值分别为 $-1.37‰$ 和 $-23.78‰$，而 2017 年土壤水 $\delta^{18}O$ 和 δD 的最大值分别为 $-2.29‰$ 和 $-40.97‰$。0～20cm 土壤水的稳定同位素变幅较大是由于该层土壤水受到土壤蒸发、降水入渗、水汽迁移等过程的影响，而这些过程均会产生不同程度的同位素混合、交换和分馏效应。20cm 以下的土壤受土壤蒸发的影响逐渐减弱，其变化主要受灌溉水、降水入渗以及根系吸水的影响。而根系的吸水过程并不会对土壤水同位素产生影响，仅当根系出现水力提升的现象（即将深层土壤水释放到表层）时才会改变剖面的土壤水同位素，故 20cm 以下土壤水同位素的误差相对较小。

表 3.4　　　　　　　　　　苹果园土壤水稳定同位素的年际变化

年份	土层深度/cm	$\delta^{18}O/‰$				$\delta D/‰$			
		最大值	最小值	平均值	误差(±)	最大值	最小值	平均值	误差(±)
2016	0～20	−1.37	−14.13	−6.83	3.20	−23.78	−109.23	−59.33	21.15
	20～40	−7.46	−15.19	−10.75	1.85	−41.22	−111.80	−81.25	14.72
	40～60	−8.48	−15.15	−10.92	1.81	−31.32	−113.77	−82.17	14.95
	60～80	−8.09	−15.04	−10.64	1.99	−60.82	−115.61	−81.67	13.48
	80～100	−7.89	−15.03	−10.44	1.78	−64.07	−112.13	−80.29	12.13
	100～120	−7.37	−14.24	−10.33	1.57	−58.12	−106.53	−79.08	10.99
	120～140	−8.44	−14.10	−10.48	1.54	−63.82	−105.58	−79.10	11.12
	140～160	−5.61	−14.32	−10.01	1.58	−48.12	−103.66	−75.85	11.13
2017	0～20	−2.29	−14.13	−7.90	2.89	−40.97	−99.20	−67.84	14.65
	20～40	−7.70	−13.10	−10.06	1.29	−56.61	−93.10	−76.32	8.58
	40～60	−8.27	−13.66	−10.80	1.06	−61.72	−97.18	−80.73	8.26
	60～80	−9.08	−13.94	−11.03	1.01	−33.31	−101.11	−81.56	10.97
	80～100	−7.61	−14.13	−11.07	1.13	−34.94	−100.22	−82.60	9.84
	100～120	−9.22	−14.35	−11.12	1.15	−43.70	−104.24	−82.76	10.50
	120～140	−9.27	−14.09	−11.05	1.09	−61.81	−105.70	−82.82	8.85
	140～160	−9.30	−14.56	−11.07	1.17	−71.28	−109.85	−83.09	8.39

　　进一步将不同土壤层次的水稳定同位素比值进行聚类分析，选用欧氏距离公式和最短距离法，并绘制聚类谱系图，如图 3.19 所示，纵坐标表示为不同深度的土壤，如 S80cm 为土壤深度为 80cm 的土壤水。由图 3.19 的聚类结果可

知，如果将 0～160cm 深度的土壤水稳定同位素分布情况分为两类，可将土层分为 0～20cm 土层和剩余的土层；分为三类时，可分为表层土壤（0～20cm）、中深层土壤（20～60cm）和深层土壤（60～160cm）。

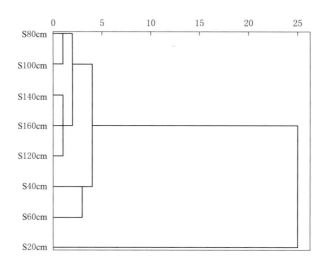

图 3.19　不同土壤层次的水稳定同位素聚类谱系图

为便于对苹果树根系吸水进行量化分析，并结合该试验区内对土壤含水率分布的聚类分析，本书按划分为五类进行分析，即表层土壤（0～20cm）、中深层土壤（20～40cm，40～60cm）和深层土壤（60～100cm，100～160cm）。基于聚类分析的结果，将土壤剖面划分为五层，并绘制从 2016 年 4 月至 2017 年 10 月生育期内不同层次的土壤水逐月变化，如图 3.20 所示，图中阴影部分为试验区降雨集中时期。由图 3.20 可得出，表层 0～20cm 土壤水的 $\delta^{18}O$ 和 δD 在 2016 年表现为 4—6 月和 8—10 月较大、7 月较低的波谷状变化趋势，7 月由于连续降水的入渗，使得其 $\delta^{18}O$ 和 δD 偏贫化；在 2017 年呈 4—7 月和 9 月较大、8 月和 10 月较低的锯齿状变化趋势，8 月和 10 月也是受降水影响，导致水稳定同位素值发生变化。中深层 20～40cm 和 40～60cm 与表层 0～20cm 的变化规律基本一致，但变化幅度有所减少；而深层 100～160cm 随季节的变幅相对较小，仅在 2016 年的 7 月有明显下降。

3.3.3.3　不同灌溉方式下土壤水稳定同位素空间分布特征

1. 径向分布特征

利用水稳定同位素技术分析土壤水的迁移规律时，多忽略其径向上的空间差异，而这种忽略在针对灌溉处理上的研究是否可行，需对比分析不同灌溉处理在径向上的差异性。

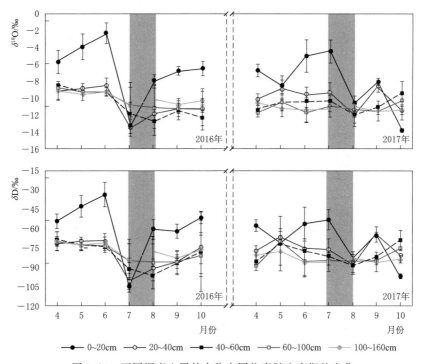

图 3.20　不同深度土层的水稳定同位素随生育期的变化

　　图 3.21 为地面灌溉 SI 和蓄水坑灌 WSPI 处理（图中简称蓄水坑灌，下同）下沿径向上（距离树干不同距离）的土壤水稳定同位素变化情况。由图 3.21 可知，地面灌溉和蓄水坑灌在径向上均无显著性差异（$P > 0.05$），可见不同灌溉处理并未显著改变在水平方向上的土壤水稳定同位素信息。但是蓄水坑灌在土层深度 0～40cm 的误差较地面灌溉有所增加。这一方面是由于蓄水坑灌在土壤 0～40cm 范围存在蓄水坑，使得土壤临空面增加，增加了土壤通气性，影响了表层土壤在水平和垂向上的水汽迁移交换速率，使得表层同位素差异程度较地面灌溉增大；另一方面，在水平迁移的湿润峰边缘处，会存在一定程度的同位素分馏，而蓄水坑灌的湿润体为上小下大的椭球体，并非地面灌溉的完全湿润，故增加了蓄水坑灌下 0～40cm 土层深度的水平异质性。

　　图 3.22 和图 3.23 分别为地面灌溉和蓄水坑灌不同时期土壤水稳定同位素在径向上随时间变化的箱型图。由图 3.22 和图 3.23 可知，不同灌溉处理下的土壤水稳定同位素在径向上随时间的变化无显著差异，即不论在生育前期 4 月，还是生育后期的 9 月以及降雨量较大的 7 月，均表现为在径向上无显著差异。

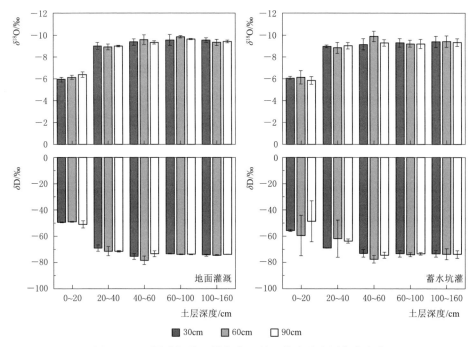

图 3.21　不同灌溉处理沿径向上的土壤水稳定同位素变化

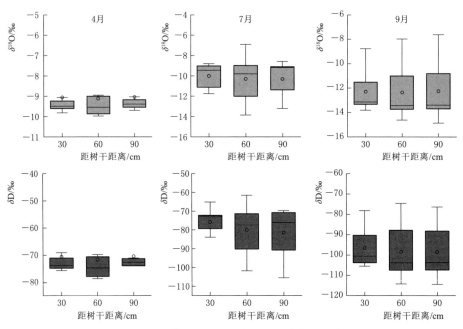

图 3.22　地面灌溉不同时期内径向土壤水同位素变化

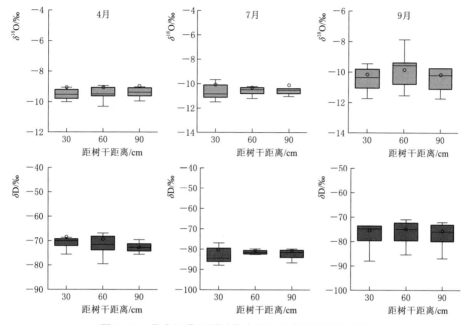

图 3.23 蓄水坑灌不同时期内径向土壤水同位素变化

综上可以得出，蓄水坑灌和地面灌溉虽在径向水分入渗上存在一定差异，但在树冠投影下其径向上的同位素分布差异情况不显著。同时，由于径向取样是灌溉水、降水稳定入渗以后进行的，故不同灌溉处理在径向上的空间差异可以忽略。本书仅研究了单株尺度的径向时空变化，至于是否能推求到整个果园尺度，还有待于进一步研究。Goldsmisth 等（2019）在 1ha 尺度上发现了土壤水在径向上具有和垂向一致的同位素异质性；Oerter 等（2019）在 20m 的范围内得出了土壤水含量和同位素信息均具有差异。不同的结论与所研究的尺度、灌溉方式以及取样点的布置和取样频率相关。

2. 垂向分布特征

由于蓄水坑的存在，在研究蓄水坑灌的土壤水分垂向迁移时，常拆分为过坑方向和不过坑方向，故本书取蓄水坑灌过坑和不过坑方向，与地面灌溉下土壤水同位素沿垂向上的分布进行对比研究。

由图 3.24 可知，蓄水坑灌下过坑和不过坑方向的土壤水稳定同位素比值在垂向上的分布并无显著性差异（$P > 0.05$），仅过坑方向土壤水同位素的标准差较不过坑方向的有所增大。而受到土壤水汽蒸发和灌溉水入渗的影响，在垂直剖面方向上，地面灌溉和蓄水坑灌下的根区土壤水稳定同位素具有显著差异。

由图 3.24 可知，蓄水坑灌下表层 0～20cm 土壤的 $\delta^{18}O$ 和 δD 较地面灌溉偏正（$P < 0.05$），但这并不能说明蓄水坑灌下表层土壤的蒸发强度比地面灌溉强

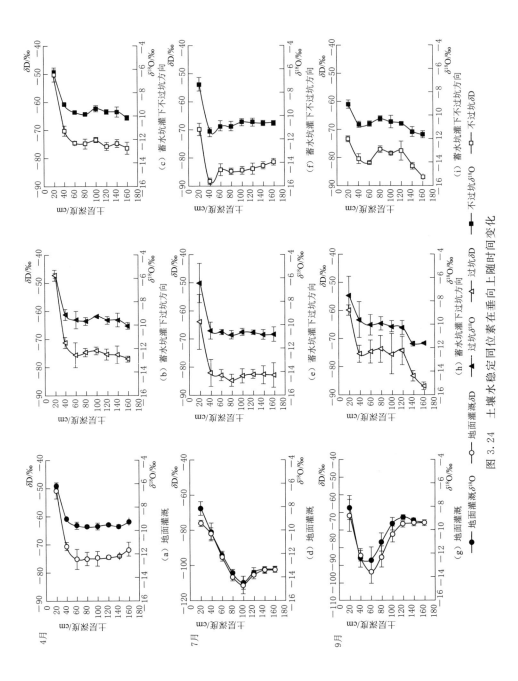

图 3.24 土壤水稳定同位素在垂向上随时间变化

烈。相反，研究表明，蓄水坑灌下土壤蒸发量仅为地面灌溉的52%（郭向红，2010）。利用水稳定同位素所建立的土壤水蒸发线的斜率可以表征不同灌溉下的蒸发强度，斜率越小说明蒸发强度越大。根据2016年和2017年地面灌溉和蓄水坑灌不同处理下表层$0\sim20cm$土壤的$\delta^{18}O$和δD值，建立土壤水蒸发线，见表3.5。结果表明，全年蓄水坑灌不同处理下的土壤蒸发强度均小于地面灌溉。

表 3.5 不同灌溉处理下土壤水蒸发线

处　　理	2016 年	2017 年
地面灌溉 SI	$\delta D=6.08\times\delta^{18}O-17.83$	$\delta D=4.56\times\delta^{18}O-31.68$
蓄水坑灌 WSPA	$\delta D=6.32\times\delta^{18}O-15.93$	$\delta D=4.87\times\delta^{18}O-30.18$
蓄水坑灌 WSPA/2	$\delta D=6.82\times\delta^{18}O-15.60$	$\delta D=4.96\times\delta^{18}O-29.31$

土壤垂向剖面所呈现的水稳定同位素梯度变化除了与土壤蒸发强度有关，还与土壤剖面新、旧水的同位素信息交换有关。一方面，表层土壤含水率的大小和土壤水稳定同位素的比值具有显著相关性。Cui等（2017）得出砂壤土下土壤含水率与土壤水$\delta^{18}O$呈负相关。如图3.25所示，本书得出不同年份下土壤含水率和土壤水$\delta^{18}O$值显著负相关，即土壤含水率越大，土壤水$\delta^{18}O$越偏负。在和传统地面灌溉相比时，蓄水坑灌下土壤表层含水率保持在较低水平，故其水稳定同位素比值较大。另一方面，表层土壤含水率较低时能够减弱蒸发强度，减缓了蒸发峰面下深层较轻水汽的同位素与表层较重的同位素的混合与交换。同时，由于蓄水坑灌属于中深层灌溉，渗入表层的灌溉水量较少［灌溉水在2016年$\delta^{18}O=(-9.33\pm1.52)‰$，在2017年$\delta^{18}O=(-10.74\pm1.89)‰$］，故表层土壤水与灌溉水的混合也较少。从图3.25还可知，地面灌溉下$40\sim120cm$深度的土壤水稳定同位素变化幅度要大于蓄水坑灌，这是由于蓄水坑灌下灌溉水在$40\sim120cm$分布较为均匀，使得该区域土壤水和灌溉水能够通过垂向入渗和水平迁移的方式充分混合，这导致剖面的同位素信息更为稳定。

3.3.4 不同灌溉方式下苹果树根系吸水层位变化研究

蓄水坑灌下苹果树根区土壤微环境的变化，会使苹果树根系吸水层位发生变化。本节将利用水稳定同位素技术，通过选择合理的分析方法，并结合同位素添加标记试验，分析蓄水坑灌下苹果树吸水层位的变化情况。

3.3.4.1 不同分析方法对比研究

选取2015年测得的枝条水和土壤水稳定同位素比值，针对这一年4月、7月和9月三个月的相关数据，分别使用不同的分析模型，对比和分析计算得出的结果。在计算过程中采用单$\delta^{18}O$、单δD以及双$\delta^{18}O$和δD等方式代入模型中进行探讨。

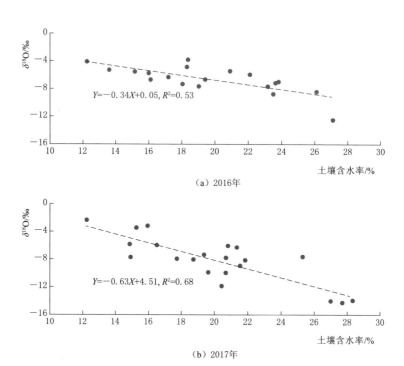

（a）2016年

（b）2017年

图 3.25 0~20cm 土壤水稳定同位素和土壤含水率相关关系

1. 吸水深度分析

采用直接推断法和 Romero - Saltos 模型两种方法进行吸水深度的分析。图 3.26 为不同月份利用直接推断法所绘制的 δ^{18}O 和 δD 线性图，枝条水稳定同位素与土壤水稳定同位素沿垂向分布曲线的交点，即为对应吸水深度。由图 3.26 可知，利用 δ^{18}O 和 δD 分析得出的吸水深度基本一致，仅在 4 月出现 δD 得出的深度稍浅。故利用直接推断法可以计算得出，苹果树在 4 月主要利用 30cm 左右的土壤水，7 月和 9 月均利用 60cm 左右的土壤水。

进一步，利用 Romero - Saltos 模型计算不同时期苹果树的吸水深度。分别选取 δ^{18}O 和 δD 代入模型进行计算，结果见表 3.6。

表 3.6 　　　　　　　基于 Romero - Saltos 模型的吸水深度计算结果　　　　单位：cm

月　份	4	7	9
单 δ^{18}O	30.32	57.24	58.67
单 δD	24.48	59.76	59.50

　　由表 3.6 可知，利用 $\delta^{18}O$ 和 δD 计算出的吸水深度并无显著差异，且与直接推断法的结果保持一致。直接推断法虽然能够比较简单地得出吸水深度范围（即交点范围），但并不能直接获得具体深度数值；且由于受到取样间隔与深度的限制，其绘制出的曲线常呈不规则、不连续，并非单调曲线，这就增加了确定交点的难度。而利用 Romero - Saltos 模型，通过实测数据可内插估算出每 1cm 所对应的土壤水稳定同位素值，对数据优化后能够得出具体吸水深度。在 Romero - Saltos 模型的应用过程中，其核心假设为根系对吸水深度 50cm 附近土壤水的吸收呈正态分布。这一假设可能与苹果树根系分布状况不同。但 Li 等（2007）和 Stahl 等（2013）均得出 50cm 的假设对输出结果无显著影响，本书就 20cm、50cm、100cm 等数值进行了分析，也未发现显著差异（$P > 0.05$）。

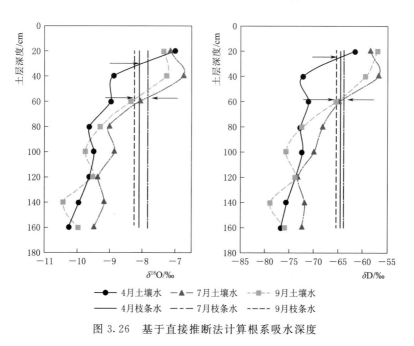

图 3.26　基于直接推断法计算根系吸水深度

　　由于 Romero - Saltos 模型只能代入枝条水和土壤水 $\delta^{18}O$ 和 δD 的均值进行分析，未考虑 $\delta^{18}O$ 和 δD 标准差（SD），可能导致输出结果不同。本文就以 $\delta^{18}O$ 为例，结合 2016 年和 2017 年实测出的土壤水和茎干水的 SD 范围（0.05‰～1‰）进行分析，并以 7 月数据为例，计算不同 SD 值下的吸水深度均值。当 SD 为 0.05‰时，计算出的吸水深度均值为 57.21cm±1.07cm；当 SD 值为 0.5‰时，计算出吸水深度均值为 57.3cm±11.10cm；当 SD 增大到 1‰时，计算出的吸水深度均值为 64.40cm±19.47cm。可见当 SD 值增大时，会使得吸水深度的偏差增大，但不同结果间并无显著性差异（$P > 0.05$）；且不同 SD 的均值输出变幅在 12.5% 以内，稍大于该模型由于假设 50cm 所引起的变幅（10% 左右）。故在本试验条件下，利用 Romero - Saltos 模型能够较为准确地分析苹果树吸水深度。

2. 不同土层的土壤水贡献率

本书采用 IsoSource 模型、耦合模型、MixSIR 模型等三种方法求解苹果树 4 月、7 月和 9 月中 0～160cm 土层的土壤水贡献率情况。为对比不同模型对多水源混合的求解能力，需代入较多的水源，故直接将土层按 20cm 为一层（0～20cm、20～40cm、40～60cm、60～80cm、80～100cm、100～120cm、120～140cm 和 140～160cm），共 8 层代入进行计算。其中，在 IsoSource 模型和耦合模型中，代入枝条水和土壤水同位素的均值，而在 MixSIR 模型中，则代入均值和方差进行分析。各模型均采用单 $\delta^{18}O$ 和 δD 分别进行计算，并将平均贡献率绘于图 3.27 中。

由图 3.27 可知，在 4 月，使用三种方法所得计算结果基本一致，且利用 $\delta^{18}O$ 和 δD 单独计算出的结果也无显著差异，均在 0～20cm 土层获得最大的土壤水贡献率。在 7 月，IsoSource 模型和 MixSIR 模型的计算结果类似，20～40cm 土层的土壤水贡献率较大，且 $\delta^{18}O$ 和 δD 的分析结果保持一致；但耦合模型却得出 40～60cm 的土壤水贡献率最大。对于 9 月而言，IsoSource 和 MixSIR 两种模型得出的土壤水贡献率最大的土层为 20～40cm，0～20cm 次之，且 $\delta^{18}O$ 和 δD 的分析结果基本一致；而耦合模型计算出的土壤水贡献率最大的层次仍为 40～60cm，且 $\delta^{18}O$ 和 δD 分析结果并不一致，较单 $\delta^{18}O$ 计算得出的 0～40cm 土层的贡献率，利用 δD 分析得出的贡献率有所下降。

IsoSource 模型为目前应用最广泛的多元混合模型，其原理简单且能够绘制不同土层土壤水贡献率的频率直方图，便于研究者进行分析和研究；但分析水源数超过 10 个时，该模型则无法计算。同时，该模型并未考虑枝条水和土壤水同位素的标准差，且模型的计算时间和精度会受容忍度和增量的影响。以 MixSIR 为代表的基于贝叶斯统计原理的分析模型，将 $\delta^{18}O$ 和 δD 的标准差、同位素分馏程度、先验分布如根系生长等融入模型中，求解最优解而非可能解，其计算结果在理论上更为准确。

但是，本书得出 IsoSource 模型和 MixSIR 模型在分析结果上并无显著差异，一方面是由于在本书试验条件下，$\delta^{18}O$ 的标准差基本控制在 1‰ 以内，而杨斌（2016）通过评估两种模型对标准差的敏感性得出，当 $\delta^{18}O$ 的标准差在 1.5‰ 以内，两种模型的分析结果并无显著差异，故两种方法结果基本一致；另一方面，本试验条件下并不考虑先验分布和同位素分馏程度，且分别进行的是单稳定同位素分析。基于此，两个模型仅是运行的统计方法不同，对分析结果的影响程度不高。李楠（2018）利用 $\delta^{18}O$ 和两种方法对于枣树吸水深度的分析结果进行

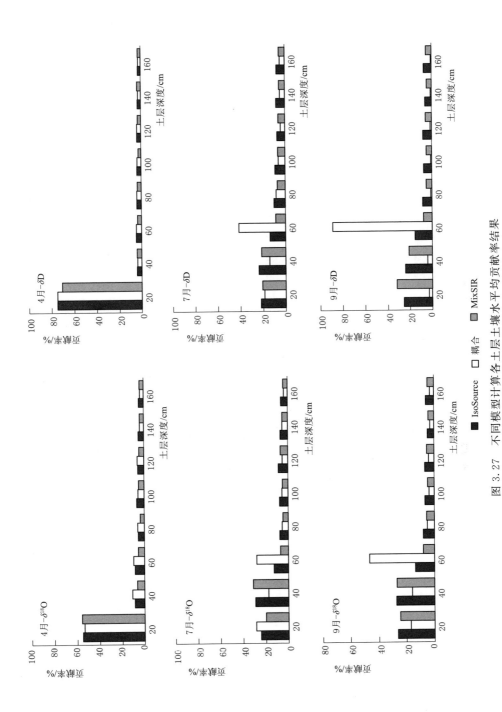

图 3.27 不同模型计算各土层土壤水平均贡献率结果

对比，也发现二者的结果基本一致。

利用 IsoSource 模型和 MixSIR 模型进行单 δ^{18}O 和 δD 水稳定同位素分析时，并未发现有明显差异。本节进一步利用 MixSIR 模型进行双 δ^{18}O 和 δD 水稳定同位素分析，并与 MixSIR 单 δ^{18}O 水稳定同位素的结果进行对比。由双水稳定同位素得出，4 月 0～20cm 土层的土壤水贡献率为 62.3％±5.5％，与单水稳定同位素的贡献率（56.3％±7.6％）相比，无显著差异（$P>0.05$）。Liu 等（2015）单独利用 δ^{18}O 和同时利用 δ^{18}O 和 δD 分析河岸乔木对土壤水的利用情况，也并未发现二者的分析结果有差异。但 Barbeta 等（2017）却认为双同位素分析的结果要好于单同位素，这是由于其分析的可利用水源不单有土壤水，还包括降水和地下水，由于多水源间某一同位素可能存在一致性，故双同位素分析的结果更优。在本书中，由于土壤水稳定同位素存在梯度差异，故单、双同位素间的差异不显著。

耦合模型在 7 月和 9 月的分析结果与其他两种模型不同的原因在于，其分析原理为假设各土层的土壤水贡献率和各土层土壤水、枝条水 δ^{18}O 和 δD 间的距离成反比。因而一旦出现某一层土壤水的 δ^{18}O 和 δD 值与枝条水相差不大，那该层的土壤水贡献率就会显著高于其他层。而 δ^{18}O 和 δD 分析结果的不同是由于耦合模型需拟合土壤水和枝条水 δ^{18}O 和 δD 的线性关系，而以 δ^{18}O 和 δD 作为变量的线性方程的斜率和截距存在一定差异，导致了最后分析结果有所不同。

对比分析各模型，除分析其计算出的贡献率差异以外，还应根据模型本身的预测值与真值进行定量对比，从均方根误差（RMSE）、平均相对误差（MAPE）和决定系数（R^2）等角度进行统计学分析。基于 Wang 等（2019）对各分析模型进行统计学评价的原理，本书将实测的枝条水 δ^{18}O 和 δD 值作为测试真值，并利用同位素守恒原理，将模型分析出的贡献率与对应土层的 δ^{18}O 和 δD 所计算出的枝条水 δ^{18}O 和 δD 值作为模型的预测值，分析不同模型的统计学差异，结果见表 3.7。

表 3.7　　　　　　　　　　　　不同模型的统计学分析

稳定同位素	模型	RMSE	MAPE	R^2
δ^{18}O	IsoSource	0.007	0.078	0.998
	MixSIR	0.064	0.656	0.860
	耦合模型	0.063	0.614	0.861
δD	IsoSource	0.055	0.071	0.992
	MixSIR	0.477	0.701	0.385
	耦合模型	0.037	0.055	0.996

根据表 3.7 可知，对于 $\delta^{18}O$ 而言，各模型的 R^2 值均较高，且 RMSE 和 MAPE 均较小。其中，IsoSource 模型的模拟精度最优，MixSIR 模型和耦合模型无明显差异。对于 δD 而言，不同模型的 R^2 差异明显。MixSIR 的拟合优度明显降低，同时其 RMSE 和 MAPE 显著增大；而 IsoSource 模型和耦合模型的模拟精度均较好，且无显著性差异。由此可知，IsoSource 模型在枝条水 $\delta^{18}O$ 和 δD 的模拟精度上均较高。

进一步，通过对比图 3.27 和表 3.7 中 $\delta^{18}O$ 和 δD 的分析结果，并结合水稳定同位素在分析过程中的潜在分馏情况，本书采用 $\delta^{18}O$ 进行吸水层位的分析。不过，Tang 等（2018）认为土壤水是植物体 δD 的唯一来源，建议使用 δD 来进行分析。大量研究表明，根系在吸水过程中并不产生 $\delta^{18}O$ 分馏，除在黏土的土壤水抽提过程中由于低温真空系统所导致的分馏外。本试验地的土质为砂壤土，并保证了在抽提过程中避免分馏，故利用 $\delta^{18}O$ 是可行的。事实上，在对某些滨海耐盐植物和干旱区乔木的研究中发现，根系吸水时会对 δD 同位素产生分馏（Huo 等，2018；Zhao 等，2016）。

综合以上得出，本书将采用 $\delta^{18}O$ 和 Romero‐Saltos 模型分析根系吸水深度，并利用 IsoSource 模型计算不同土层的土壤水贡献率情况，从而研究根系吸水层位变化。

3.3.4.2 不同灌溉方式下吸水层位变化研究

1. 基于 Romero‐Saltos 模型的根系平均吸水深度变化

表 3.8 为基于 Romero‐Saltos 模型计算不同灌溉处理下的苹果树根系平均吸水深度。对于地面灌溉而言，苹果树的根系吸水深度基本集中在 10~60cm 范围内，且以 10~40cm 土层为主。仅在 2016 年的 9 月和 2017 年的 6 月出现吸水深度超过 40cm 的情况，分别为 43cm 和 51cm。相较于地面灌溉，蓄水坑灌下的根系吸水深度基本集中在 20~100cm 范围内，且以 20~60cm 土层为主，WSPI 处理的占比为 85%，$WSPI_{/2}$ 处理为 71%。较 WSPI 处理，$WSPI_{/2}$ 处理在 2016 年吸水深度增加 8%~37%，而在 2017 增加 18%~50%。不同年份间果树根系的吸水深度并不完全相同，这与气候条件、灌水量等不同有关。

表 3.8　　　　基于 Romero‐Saltos 模型计算不同灌溉处理下的
苹果树根系平均吸水深度

年　份	月　份	吸　水　深　度/cm		
		SI	WSPI	$WSPI_{/2}$
	4	17	21	24
2016	5	24	23	25
	6	27	34	36

续表

年　份	月　份	吸　水　深　度/cm		
		SI	WSPI	WSPI$_{/2}$
2016	7	32	21/89	13/65
	8	37	48	66
	9	43	45	34
	10	30	33	41
2017	4	27	26	25
	5	26	27	27
	6	51	34	40
	7	34	46	36
	8	27	83	125
	9	34	54	47/103
	10	36	51/89	47/81

随着生育期的推进，苹果树需水量逐渐增大（Volschenk 等，2017）。地面灌溉的吸水深度也随之变化。在 2016 年，其吸水深度呈先增大后减小的趋势，峰值在 9 月；而在 2017 年，其吸水深度呈锯齿状波动，4—5 月的吸水深度维持在 30cm 以内，6 月达到第一个峰值，进入 7—8 月后吸水深度有所减小，9—10 月则维持在 40cm 以内。对于蓄水坑灌而言，其根系吸水深度随时间的变化与地面灌溉类似，即吸水深度在生育前期的 4—5 月较浅，6—8 月增加，在 9—10 月有所回升。王绍飞（2018）针对黄土丘陵区富士苹果根系吸水深度的研究得出，随着季节变化，苹果根系吸水深度会在 0～300cm 的土层深度内变化，且其季节变化幅度要大于本试验。这是由于其研究旱地果园，土壤不同层次间的水分变化较本试验地更为显著。

综上可知，地面灌溉下苹果树根系的吸水深度主要在 10～60cm 范围内，而蓄水坑灌下的根系吸水深度则主要集中在 20～100cm 范围内。WSPI$_{/2}$ 处理的根系吸水深度比 WSPI 处理略深。进一步，利用 IsoSource 模型进行不同土层土壤水贡献率的计算，能够对不同灌溉处理下根系吸水层位的动态变化进行量化。

2. 基于 IsoSource 模型的吸水贡献率变化

基于对土壤水稳定同位素剖面的划分，将 2016 年 4—10 月和 2017 年 4—10 月的 0～160cm 土壤水按表层（0～20cm）、中深层（20～40cm、40～60cm）和深层（60～100cm、100～160cm）划分为 5 层，将各层土壤水的 δ^{18}O 值与对应枝条水的 δ^{18}O 值一并代入 IsoSource 模型中进行计算，求解各土层土壤水的平均贡献率和贡献率频率分布情况。

图 3.28 为在 2016 年 4—10 月和 2017 年的 4—10 月，地面灌溉下苹果树各土层土壤水的平均贡献率情况，以及对应贡献率最大土层的贡献率频率分布图。由图 3.28 可知，0～20cm 土层的贡献率在整个生育期内维持在较高水平，在 2016 年和 2017 年的贡献率均值分别为 55.7% 和 48.6%，而 20～40cm 的贡献率则维持为 15%～20%。在 2016 年的 8—9 月，0～20cm 土层的贡献率较 4—7 月的均值降低了 42%，而 20～40cm 的贡献率却平均增加了 1.1 倍。其中，在 2016 年的 9 月，20～40cm 土层的贡献率（25.4%）为整个土层最大，且其贡献率范围也最为广泛，但与 0～20cm 土层的贡献率（23.4%）并无显著差异（$P>0.05$）。在 2017 年的 5—7 月，20～40cm 土层的贡献率较 2016 年均有所增加，增幅为 5%～25%，并在 2017 年 10 月其贡献率（44.4%）达到整个土层中贡献率最大。

图 3.29 和图 3.30 分别为蓄水坑灌 WSPI 处理和 WSPI$_{/2}$ 处理下苹果树各土层土壤水贡献率情况，以及对应贡献率最大土层的贡献率频率分布图。综合 2016 年和 2017 年的土壤水贡献率可知，在苹果树生长初期（4—5 月），蓄水坑灌下土壤水贡献率最大的土层仍为 0～20cm 土层。其中，WSPI 处理和 WSPI$_{/2}$ 处理的均值分别为 77.9% 和 73.8%。在 2016 年和 2017 年的 6 月，WSPI 处理仍以 0～20cm 土层的贡献率为最大，分别为 32.2% 和 26.1%；而 WSPI$_{/2}$ 处理由于灌溉水量减半，其 0～20cm 的土壤水贡献率有所降低，20～40cm 和 40～60cm 的土壤水贡献率却平均增加了 7%～20%。从苹果树 7 月开始，较地面灌溉而言，蓄水坑灌显著增加了 20～100cm 土层的土壤水贡献率，且 20cm 以下各层土壤水的贡献率趋于均匀。WSPI 处理下 0～20cm 土壤水的贡献率较地面灌溉的平均下降了 63%，而 WSPI$_{/2}$ 处理则下降了 62%。

在 2016 年和 2017 年的 7 月，WSPI 处理下土壤水贡献率最大的土层，分别为 60～100cm（34.6%）和 20～40cm（25.5%）、40～60cm（22.8%）；而对 WSPI$_{/2}$ 处理而言，60～100cm（29.9%）、100～160cm（29.1%）和 0～20cm（29.8%）、20～40cm（20.3%）土层则成为主要的土壤水贡献率土层。在不同年份的 8 月，WSPI 处理在 20cm 以下各土层的贡献率均达 20%。其中，在 2016 年，40～60cm 土层的贡献率（24.9%）最大；而在 2017 年，100～160cm 土层的贡献率（30.7%）达到最大。类似地，WSPI$_{/2}$ 处理分别在 40～60cm（28.9%）和 100～160cm（54.9%）土层达到土壤水贡献率最大。

在 2016 年和 2017 年的 9 月，蓄水坑灌不同处理下的苹果树根系仍基本以 40cm 土层以下的土壤水作为主要的吸水层位。其中，WSPI 处理均以 40～60cm 土层的贡献率为最大，分别为 25.2% 和 23.1%；而 WSPI$_{/2}$ 处理则将 60cm 以下的土壤水作为主要吸水层位，贡献率分别为 45.6% 和 48.6%。当苹果树进入到成熟末期（10 月），蓄水坑灌下苹果树的主要吸水层位均有所上移。对于 WSPI

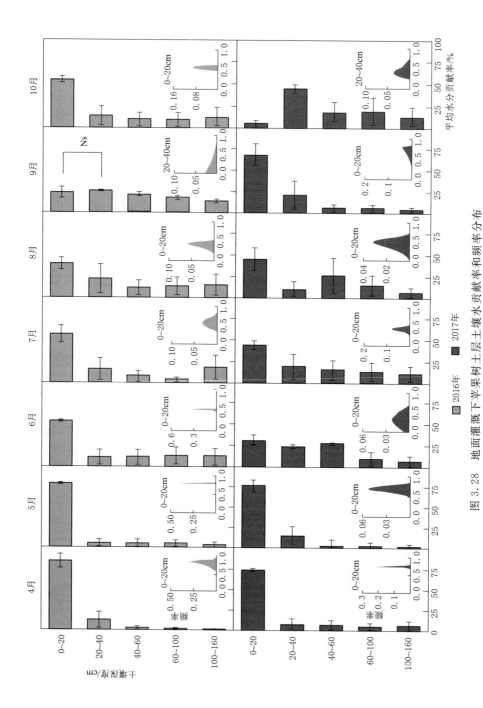

图 3.28 地面灌溉下苹果树土层土壤水贡献率和频率分布

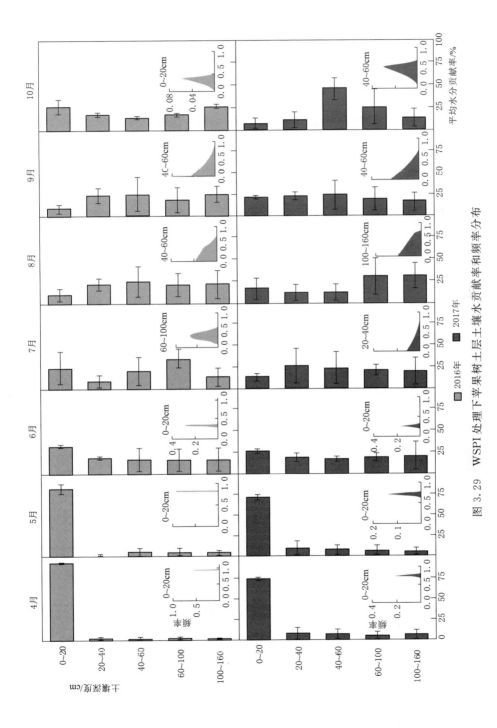

图 3.29 WSPI 处理下苹果树土层土壤水贡献率和频率分布

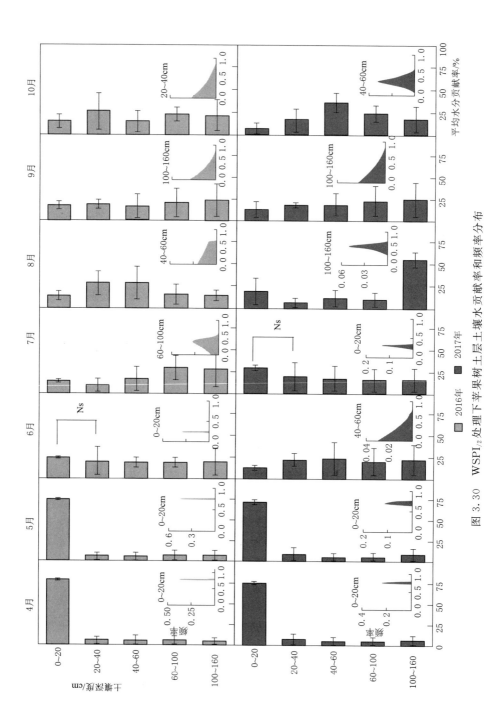

图 3.30　WSPI$_{/2}$ 处理下苹果树土层土壤水贡献率和频率分布

处理而言，其主要吸水层位在 2016 年为 0~20cm（26.1%），在 2017 年为 40~
60cm（44.8%）；而对于 WSPI$_{/2}$ 处理，在 2016 年其主要吸水层位也上移至 20~
40cm（25.8%），在 2017 年则为 40~60cm（35.8%）。

进一步整合与对比不同灌溉处理下的土壤水在不同根区的土壤水贡献率情
况，并绘制累积贡献率图，其结果如图 3.31 所示。

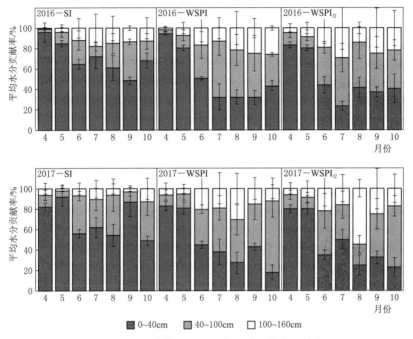

图 3.31 不同灌溉处理下各土层土壤水贡献率

由图 3.31 中不同灌溉处理下各土层土壤水贡献率可知，2016 年地面灌溉下
0~40cm 土层的平均土壤水贡献率为 70.75%，WSPI 处理下 0~40cm 土层的贡
献率为 52.23%，WSPI$_{/2}$ 处理下为 50.13%，三者间具有显著性差异（$P=$
0.015）；且较地面灌溉，蓄水坑灌不同处理下 0~40cm 土层的土壤水贡献率平
均下降了 28%。分析 40~100cm 土层的贡献率可知，SI 下其贡献率为 18.46%，
WSPI 下为 31.99%，而 WSPI$_{/2}$ 为 32.68%，处理间具有显著性差异（$P=$
0.004）；且较地面灌溉而言，蓄水坑灌不同处理下 40~100cm 的土壤水贡献率
平均提高了 75%。针对 100~160cm 而言，SI 为 10.77%，WSPI 为 15.77%，
WSPI$_{/2}$ 为 17.21%，但三者差异性不显著（$P>0.05$）。

分析图 3.31 可知，2017 年地面灌溉下 0~40cm 土层的平均土壤水贡献率
为 68.83%，而蓄水坑灌 WSPI 和 WSPI$_{/2}$ 处理下则分别为 47.8% 和 46.41%，
三者具有显著差异（$P=0.0158$）；且较地面灌溉，蓄水坑灌不同处理下 0~

40cm 土层的贡献率平均下降了 32％。对于 40～100cm 土层而言，SI 下的土壤水贡献率为 24.25％，而对应的蓄水坑灌 WSPI 和 WSPI$_{/2}$ 处理分别为 36.6％ 和 32.07％，处理间具有显著差异（$P=0.0281$）；且较地面灌溉，蓄水坑灌下的平均贡献率提高了 42％。就 100～160cm 土层而言，地面灌溉 SI 下的土壤水贡献率为 6.93％，而蓄水坑灌 WSPI 和 WSPI$_{/2}$ 处理则分别为 15.61％ 和 21.53％，三者具有显著性差异（$P=0.016$），且蓄水坑灌下平均提高了 1.25 倍。

综合以上对苹果树根系吸水深度和各土层的土壤水贡献率的分析可知，地面灌溉下苹果树根系的主要吸水深度为 0～60cm，且 0～40cm 土层为主要的土壤水贡献率区。本书利用水稳定同位素技术得出的地面灌溉下苹果树的吸水深度，与其他学者利用土壤含水率、根系特征以及数值模拟对地面灌溉的研究结果相类似。Green（1999）得出当苹果树地表土壤均匀湿润时，70％ 的根系吸水来自根区 0～40cm；Vrugt（2001）认为苹果树的最大根系吸水深度为 25cm，Suman（2014）则表明 0～30cm 为苹果树主要的水肥区域，而 Besharat 等（2010）得出苹果树的根系吸水深度为 10～50cm。同时，该结论也表明，本试验条件下的传统地面灌溉，常以 100cm 作为灌溉深度进行灌溉，这与果树主要吸水区域（0～40cm）并不完全匹配，会造成大量灌溉水不能被果树所吸收利用，降低了灌溉水的利用效率；在干旱条件下，如果未及时对 0～40cm 土层进行补水灌溉，则极易造成果树根系吸水能力下降，进而影响树体生长。

郭向红（2010）通过建立蓄水坑灌下三维根系吸水模型表明，苹果树在蓄水坑底部达到最大根系吸水速率。本书在蓄水坑为 40cm 的条件下，利用水稳定同位素技术得出，蓄水坑灌下苹果树根系的主要吸水深度为 20～100cm，且显著提高了 40～100cm 土层的土壤水贡献率。较地面灌溉，蓄水坑灌能够显著促进苹果树中深层根系生长，进而使根系吸水层位向根区中深层迁移。该结论从根系吸水角度阐明了蓄水坑灌下果树的节水抗旱机制，同时，根据本书得出的蓄水坑灌下苹果树根系吸水层位的季节变化，也能进一步指导田间果园合理灌溉。

本书利用水稳定同位素技术得出，在苹果树生育初期的 4 月和 5 月，蓄水坑灌和地面灌溉均以 0～40cm 土层的土壤水作为主要根系吸水层位，未出现蓄水坑灌下果树主要吸水层位明显下移的现象，尽管该时期蓄水坑灌下苹果树在 40cm 以下的土壤含水率和根系分布较多。这是由于：①与其他生育期相比，4 月和 5 月耗水量相对较少（Liu 等，2012），同时经过越冬期的雨水集蓄，蓄水坑灌和地面灌溉在 0～40cm 的土壤含水率并无显著差异，因此 0～40cm 的土壤水分对于不同灌溉处理下的苹果树均足够吸收利用，李楠（2018）在枣树萌芽期（5 月），同样也发现不同树龄的枣树均以 0～40cm 土壤水为主要吸水层；②植物根系生长具有向水性，同时，相邻植物间根系的生长策略倾向于先占据水资源而后再利用（Cahill，2010）。综上可知，在苹果树生育前期，虽然蓄水坑灌促进了中深层土壤水分提升，果树根系生长会延伸至中深层，但这并不意味主要吸水贡献率层位会发生根本改变，这与不同生育期内水源稳定性、养分分布和有效根长密度等相关（Stahl 等，2013；Zhang 等，2011）。

水稳定同位素技术在自然丰度下仅能量化每个土层的贡献率大小，并不能得出蓄水坑灌下就不能够利用 40cm 以下的土壤水的结论。根据图 3.31 可知，蓄水坑灌不同处理在 40cm 深度以下也存在部分土壤水贡献率。通过水稳定同位素注射示踪技术（Kulmatiski 等，2013），可以更好地明确不同灌溉处理下苹果树对深层水分的利用情况。因此，本试验将利用水稳定同位素注射技术，来进一步分析地面灌溉和蓄水坑灌下 4—5 月对不同深度土层的利用情况。

3.3.4.3　水稳定同位素注射指示不同深度土壤水分利用情况研究

利用土壤同位素标记不同土壤沿垂向或径向的位置，进而测定植物体内同位素吸收情况，能够对植物根系和某层土壤间的相互联系进行量化。近年来，利用水稳定同位素注射示踪技术，通过对比研究植物茎秆稳定同位素值，能够明确植物对不同土层的吸水情况，且较放射性同位素注射更安全、简便。

水稳定同位素注射分为 D_2O（重水）和 $H_2^{18}O$（重氧水）。最初，相关研究者将 D_2O 作为灌溉水或降水来研究植物浅层根系的吸水情况（Sternberg 等，2004；Schwinning 等，2002），Liu 等（2014）利用灌溉 D_2O 研究了交替灌溉下灌溉水在树体中迁移变化规律。Kulmatiski 等（2010）率先将 D_2O 注射到不同土层深度，研究了热带草原植物对不同深度土壤水的利用情况。Beyer 等（2016）和王绍飞（2018）也利用 D_2O 标记技术分析了半干旱区植物和苹果树对不同深度土壤水的吸收情况。现有研究对 $H_2^{18}O$ 的利用较少，Stahl 等（2013）将 $H_2^{18}O$ 标记于 120cm 深度，研究热带雨林深层根系的吸水能力。Bakhshandeh 等（2016）首次利用 $H_2^{18}O$ 和 ^{15}N 双标记方法，测定了不同土层根系对水氮的利用情况。这些研究成果为利用同位素注射技术探讨不同灌溉方式下的苹果树根系吸水层位提供了有力保障。

考虑到注射对试验区果园的影响程度以及土壤水在植物体 δD 中的比重，本节将选用 D_2O 注射技术进行试验。通过标记地面灌溉和蓄水坑灌处理下的不同土层（10cm、30cm 和 60cm），对比分析 D_2O 注射示踪前后，苹果树枝条 δD 同位素信息的变化程度，来分析 4—5 月不同灌溉处理下苹果树根系对不同深度土壤水的利用情况。进一步明确蓄水坑灌下苹果树在 4—5 月是否能够吸收较深层的水分。

图 3.32 为 2016 年 4 月进行注射示踪试验后，WSPI 处理（图中简称蓄水坑灌）和地面灌溉下枝条水同位素的变化情况。由于所标记的 D_2O 丰度较高但含量很少，不足以在长时间内对苹果树枝条水的 δD 值产生影响。故标记后苹果树

枝条的 δD 基本呈衰减趋势，在标记后一个月其枝条水的 δD 与未标记土壤中的枝条水无显著性差异。

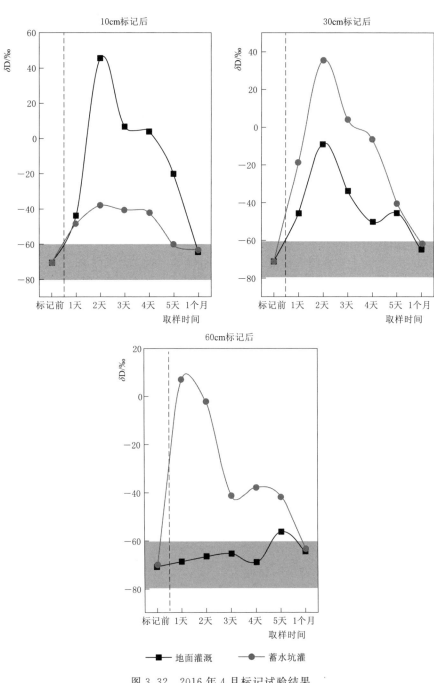

图 3.32　2016 年 4 月标记试验结果

由图 3.32 可知，在标记不同深度土层后，不同灌溉处理下苹果树的吸收情况并不相同。标记 10cm 深度的土壤后，地面灌溉和蓄水坑灌均在注射后第一天开始吸收，在第二天达到峰值，且地面灌溉枝条水的 δD 较蓄水坑灌显著增加。

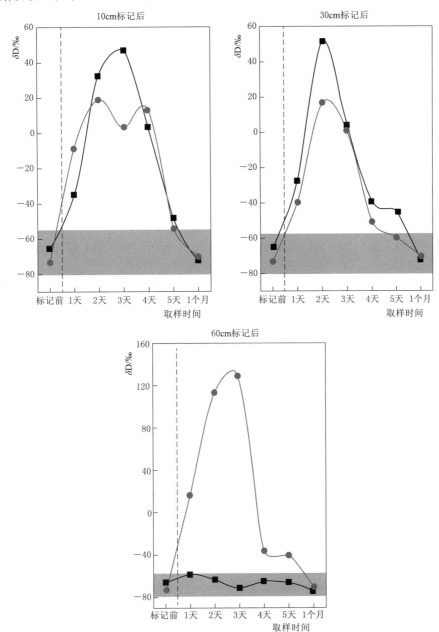

图 3.33　2017 年 5 月标记试验结果

标记 30cm 深度的土壤，地面灌溉和蓄水坑灌下枝条水的 δD 变化均极为显著，蓄水坑灌下枝条水的 δD 增加程度更为明显。标记 60cm 深度土壤，仅有蓄水坑灌下枝条水的 δD 有显著变化。这表明在该标记期内，仅蓄水坑灌下的苹果树能够利用 60cm 以下的土壤水。

2017 年 5 月的 D_2O 示踪注射试验，与 2016 年 4 月的结果稍有差异（图 3.33）。对于标记深度 10cm 的土壤而言，地面灌溉和蓄水坑灌下枝条水的 δD 值均能显著反映出同位素富集现象，而标记深度 30cm 的土壤，地面灌溉下在第二天的 δD 值要高于蓄水坑灌。与 2016 年注射后的结论保持一致的是，在标记 60cm 土壤后，仍仅有蓄水坑灌处理下的枝条水 δD 值有显著增加。

结合以上两次的示踪试验的结果可知，蓄水坑灌和地面灌溉在 4—5 月均以 0~40cm 土壤水作为主要吸水层次，且在不同时期对 10cm 和 30cm 土层的土壤水利用程度不同，但是仅蓄水坑灌下苹果树能利用部分中深层（60cm）的土壤水。这进一步表明蓄水坑灌能够改变苹果树的根系吸水能力。

3.4 结论

本章利用微根管技术并结合根钻法，研究了蓄水坑灌下苹果树根系生长状况，并通过监测根区水热情况，探讨了蓄水坑灌下根区土壤环境变化。在此基础上，将水稳定同位素技术和水同位素示踪相结合，对蓄水坑灌下苹果树的吸水层位进行了量化，得出如下结论：

（1）与传统地面灌溉相比，蓄水坑灌能够显著增加细根总长。地面灌溉下苹果树根系的主要生长层位为 0~40cm，其中细根生长峰值区为 20~40cm 土层，占总根长的 40％以上；而蓄水坑灌不同处理下苹果树根系在 0~100cm 范围内均有分布，其中细根的生长峰值区为 40~60cm，占总根长的 41％以上。较地面灌溉而言，蓄水坑灌能够改变土壤水分分布并促进 40cm 以下土壤含水率增加；改善根区土壤温度，提高土壤温度梯度，显著增加 0~20cm 土层温度。

（2）通过对比直接推断法、Romero - Saltos 模型、IsoSource 模型、耦合模型和 MixSIR 模型等 5 种方法在不同月份、单双同位素以及统计学精度等方面的变化，得出本试验条件下利用 $\delta^{18}O$ 和 Romero - Saltos、IsoSource 模型进行苹果树吸水层位分析为最优。

（3）综合吸水深度和各土层土壤水的贡献率，得出地面灌溉下苹果树根系的主要吸水深度为 0~60cm，且 0~40cm 土层为主要的土壤水贡献率区；而蓄水坑灌下苹果树根系的主要吸水深度为 20~100cm，且显著提高了 40~100cm 土层的土壤水贡献率。并利用水稳定同位素注射技术分析得出，较地面灌溉，蓄水坑灌下苹果树在生育前期也具有吸收部分中深层土壤水分的能力。

第 4 章

不同灌溉深度下
冬小麦根系吸水深度研究

4.1 引言

在干旱半干地区的冬小麦关键需水生长期内，极易受天然降雨错位的影响导致干旱胁迫（刘仲秋等，2021）。为了保证作物生产力，黄土高原地区农户普遍采用关键生育期补充灌溉的方式以提高产量（Yang 等，2015）。然而，传统的地表灌溉如沟灌、畦灌等，由于灌溉水大量集中于表层，易造成土壤蒸发严重，导致大量有效土壤水分产生非生产性损失（Zhou 等，2021）。因此，有必要发展节水灌溉技术来提高灌溉水利用率。

相较地表灌溉，地下灌溉改变了根区土壤水分的分布，将表层水分转移至植物根层，能显著提高作物产量和灌溉用水效率。其中，确定合理的灌溉深度能够为确定冬小麦灌溉量和优化地下灌溉系统设计提供依据。然而，冬小麦的根系分布和有效吸水深度在不同的生长阶段有所变化，而实际灌溉中灌溉深度却始终保持在一个恒定值（Zhang 等，2011），这可能会导致生育期内冬小麦对深层水分利用的有效性降低（Kirkegaard 等，2007）。因此，根据冬小麦根系分布规律来动态确定灌溉深度更为科学。

基于此原理，通过控制根系湿润百分比的方法（如灌溉深度为根系分布范围的 60%）来调控根区土壤水分，具有促进冬小麦光合能力、产量和品质以及水分利用效率提升的潜力（Zheng 等，2018；陈爽，2017；黄洁，2016）。Guo 等（2018）和王璞等（2018）分别通过构建根系吸水模型和分析蒸腾速率的方式研究了不同灌溉深度下冬小麦根系吸水变化情况，但仍需进一步明确该水分调控策略下冬小麦根系吸水深度以优化灌溉深度。

根系吸水深度作为根系-土壤系统中关键环节，在建立土壤-植物-大气连续体系统的水分吸收和传输模式，选择合适的灌溉深度和具有代表性的土壤水分监测地点（郑利剑等，2015；Zeleke 等，2014）上具有重要意义。根系吸水深度常利用挖掘植物根系分布以评估有效根系深度（ERD）来确定（Klement 等，2016；Fan 等，2016；White 等，2015a）。研究认为根长密度更有助于估计 ERD（Carvalho 等，2014）。然而，大量研究表明，根系分布并不总是与根系吸水模式相匹配，如河岸边树木虽然根系广泛分布于表层土壤，但更倾向于依赖可靠的地下水资源（White 等，2015a）。同样，冬小麦根系大部分集中在表层土壤，但灌浆过程中深层根系的发育将有利于土壤水分的利用（Pask 等，2013；Shen 等，2011）。因此，需要探寻更为准确地分析方法来进行冬小麦根系吸水深度的研究（Liu 等，2020）。

基于水稳定同位素技术是通过分析植物水和土壤剖面水分的水稳定同位素（$\delta^2 H$ 和 $\delta^{18}O$）特征来量化根系吸水深度的一种新方法。大量研究表明，除某些特殊的耐盐植物外（Ellsworth 等，2007），根系在吸收和运输水分过程中不会发生 $\delta^2 H$ 和 $\delta^{18}O$ 的同位素分馏（Dawson 等，2002）。因此，植物木质部水的 $\delta^2 H$ 和 $\delta^{18}O$ 值可以自然代表根系吸水深度的稳定同位素组成。通过直接比较木质部和土壤水分 $\delta^2 H$ 和 $\delta^{18}O$ 的方法或者是利用模型求解土壤水分贡献率来量化植物根系吸水深度，已在多种大田作物上进行了相关研究（Guo 等，2016；Zhu 等，2016；Wang 等，2010）。Zhang 等人（2011）针对华北平原的冬小麦研究表明其根系吸水深度为 0～40cm，Liu 等（2020）在保持耕作和秸秆还田下也得出冬小麦主要吸收 0～40cm 范围的土壤水。而黄土高原冬小麦的根深可达 3m 以下，利用稳定同位素对黄土塬区旱作冬小麦拔节期和抽穗期的根系吸水研究得出，60～90cm 是冬小麦的主要水源，并利用标记 D_2O 法表明旱作冬小麦在开花期开始利用深度 3m 的土壤水（程立平等，2021）。但对于不同灌溉条件下的黄土高原冬小麦其根系吸水如何变化尚需深入探讨。

综上所述，本书结合土壤水分分布和根系生长，利用水稳定同位素技术来量化不同灌溉深度下冬小麦根系吸水深度，回答黄土高原冬小麦根系吸水深度的变化规律以及不同灌溉方式是否会对冬小麦根系吸水深度造成影响，以期为黄土高原冬小麦灌溉深度的优化提供理论依据。

4.2 试验方案

4.2.1 试验区概况

试验在 2014 年 10 月至 2016 年 6 月冬小麦的 2 个生育期内进行相关测试。试验区位于山西省水利职业技术学院节水灌溉试验基地（北纬 $34°48'27''$，东经 $110°41'23''$），其平均海拔为 370m。试验区全年日照时数为 2350h，年平均温度为 9～13℃，无霜期为 180～250d，多年平均降水量为 525mm。试验土壤质地为中壤土，于播种前测定土壤 0～300cm 土壤肥力状况及基本物理参数见表 4.1。试验期内相关降水量情况如图 4.1 所示。

表 4.1 试验区土壤肥力状况及基本物理参数

土层/cm	全氮/(g/kg)	有效氮/(mg/kg)	有效磷/(mg/kg)	有效钾/(mg/kg)	有机质/(g/kg)	容重/(g/cm³)	pH 值	田间持水量/%
0～20	1.150	62.90	45.79	206.5	20.20	1.4862	8.88	37.49
20～50	0.359	25.16	4.94	168.0	10.00	1.6121	8.95	35.18
50～90	0.413	28.76	8.36	192.5	5.69	1.6242	8.36	37.01
90～130	0.665	16.18	8.36	206.5	6.47	1.6300	8.31	38.61
130～210	0.503	10.78	6.27	199.5	3.53	1.5372	8.34	43.18
210～300	1.042	7.19	7.41	248.5	2.94	1.5145	8.60	40.34

注 表中田间持水量的数值为体积含水率。

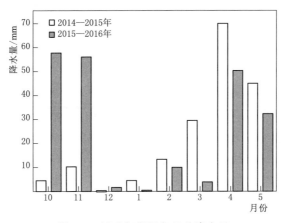

图 4.1 试验年期间各月总降水量

4.2.2 试验设计

1. 田间试验布置

采用地埋式生长柱（图 4.2）进行冬小麦生长的野外试验。其中生长柱由 PVC 管制成，PVC 管长 3m，管内径 18.6cm。每个 PVC 管是由 3 根 1m 长的管连接而成，沿 PVC 管纵向剖开为两个半圆，用合拢箍固定，以便试验取样。试验区长×宽为 21m×3m，为了更好模拟田间环境，将生长柱埋于土中，其顶面与地面齐平，共设有 80 根 PVC 管，排成三列，行间距、列间距均为 0.8m，同时在行与行、列与列之间以及小区四周均种植冬小麦作为保护行（列）。为便于试验期间移动 PVC 管进而取样，在试验区内布设了机械启闭装置。为定期测定土壤含水量分布状况，在部分土柱中安装水分测管。

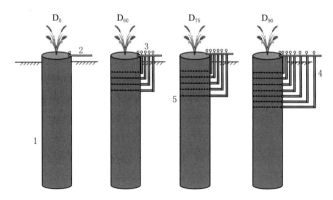

图 4.2　模拟生长柱

1—PVC 生长柱；2—地面灌溉输水管道；3—量水表；4—供水管道；5—插入式灌水器

（D_0 表示地面灌溉，$D_{60} \sim D_{90}$ 表示灌溉深度为根系生长的 60％、75％和 90％）

2. 试验材料

供试冬小麦品种为国审麦良星 99，属半冬性中晚熟品种，分别于 2014 年 10 月 12 日和 2015 年 10 月 6 日播种，在三叶期后，2014 年每生长柱定苗 3 株；同时考虑种植密度的影响，2015 年每生长柱定苗 12 株。2015 年和 2016 年冬小麦分别于 6 月 1 日和 5 月 28 日收获。

3. 试验方案设计

在冬小麦生育期内，试验以灌溉深度（湿润深度与根系分布的占比）作为控制因子，考虑冬小麦根系生长分布深度随生育期的推进而变化，不同生育期灌溉深度参考冬小麦该生育期的平均最大根深确定。

2014—2015 年试验年：共设计 4 个处理，即处理 1 为地面灌溉（D_0）、处理 2 为灌溉深度取最大根深的 60％（D_{60}）、处理 3 为灌溉深度取最大根深的 75％（D_{75}）、处理 4 为灌溉深度取最大根深的 90％（D_{90}）。每个处理设置 20 个生长柱。在冬小麦生育期内（越冬期、拔节期、抽穗期和灌浆期）共进行 4 次灌水，其中越冬期均采用地面灌溉，各处理的灌水量相同；后 3 次灌溉，不同处理间的总灌水量仍相同，仅灌溉深度发生变化。灌溉前，先通过破坏性取根，得到各处理的平均最大根深，根据最大根深的占比来确定灌溉深度；之后，将地表以下 30cm 至设计灌溉深度之间的土层分层，在 PVC 管中用插入式灌水器实施灌溉（图 4.2），使下部土壤含水量达到田间持水率的 85％（Zheng 等，2018），再将剩余水量灌入地表。按当地冬小麦田间管理的灌水定额 45m³/亩计算，每根生长柱单次灌溉量为 67.5mm。

2015—2016 年试验年：在 2014—2015 年试验方案的基础上增加了灌溉深度取根系分布深度的 40%（D_{40}），共设计 5 个处理。本年度，由于在冬小麦生育前期降水量较多，因此在小麦越冬期没有实施灌溉，而在拔节期、抽穗期和灌浆期、成熟期共进行 4 次灌水，每次灌溉各处理的总灌水量相同。按当地冬小麦田间管理的灌水定额 50m^3/亩计算，每根生长柱的灌水量为 75mm。

具体试验方案见表 4.2。试验年期间各处理的灌溉深度及分层灌水量见表 4.3。

表 4.2 　　　　　　　　　　试 验 方 案

试 验 时 间	处理	符号表示	方 案 内 容
2014 年 10 月至 2015 年 6 月	1	D_0	地面灌溉
	2	D_{60}	灌溉深度取根系分布深度的 60%
	3	D_{75}	灌溉深度取根系分布深度的 75%
	4	D_{90}	灌溉深度取根系分布深度的 90%
2015 年 10 月至 2016 年 6 月	1	D_0	地面灌溉
	2	D_{40}	灌溉深度取根系分布深度的 40%
	3	D_{60}	灌溉深度取根系分布深度的 60%
	4	D_{75}	灌溉深度取根系分布深度的 75%
	5	D_{90}	灌溉深度取根系分布深度的 90%

表 4.3 　　　　　　不同试验年冬小麦具体灌溉深度和分层灌水量

年份	生育期	处理	平均最大根深/cm	灌溉深度/cm	插入式灌水器间距/cm	每层灌水器灌水量/mL
2015	返青-拔节期（3 月 8 日）	D_0	120	0	0	1833
		D_{60}		72	0/30/60	1469/309/55
		D_{75}		90	0/30/50/80	1371/140/218/104
		D_{90}		108	0/30/50/70/90	967/207/210/188/261
	拔节-灌浆期（4 月 11 日）	D_0	178	0	0	1833
		D_{60}	192	115	0/30/60/90	890/409/148/386
		D_{75}	197	147	0/30/50/80/120	755/220/222/472/164
		D_{90}	200	180	0/30/50/70/90/120/150	525/315/225/149/318/203/98
	灌浆期（5 月 4 日）	D_0	219	0	0	1883
		D_{60}	250	150	0/30/60/90/120	767/367/224/289/186
		D_{75}	250	188	0/30/50/80/120/150	635/212/270/470/140/106
		D_{90}	258	221	0/30/50/70/90/120/150/180	569/218/228/131/358/193/86/50

续表

年份	生育期	处理	平均最大根深/cm	灌溉深度/cm	插入式灌水器间距/cm	每层灌水器灌水量/mL
2016	返青-拔节期 （3月18日）	D$_0$	120	0	0	2036
		D$_{40}$		48	0/30	1807/229
		D$_{60}$		72	0/30/50	1557/224/255
		D$_{75}$		90	0/30/50/70	1212/266/290/268
		D$_{90}$		108	0/30/50/70/90	855/260/276/374/271
	拔节-抽穗期 （4月18日）	D$_0$	172	0	0	2036
		D$_{40}$	193	77.2	0/30/50	1392/322/322
		D$_{60}$	199	119.4	0/30/50/70/90/110	519/330/337/377/351/122
		D$_{75}$	211	158.3	0/30/50/70/90/110/130	412/337/281/263/297/209/237
		D$_{90}$	227	204.3	0/30/50/70/90/110/ 130/150/170	361/313/244/259/285/115/ 73/138/248
	抽穗-灌浆期 （4月28日）	D$_0$	207	0	0	2036
		D$_{40}$	231	92.4	0/30/50/70	1093/331/326/286
		D$_{60}$	252	151.2	0/30/50/70/90/110/130	483/313/287/330/264/239/118
		D$_{75}$	253	189.8	0/30/50/70/90/110/ 130/150/170	445/289/243/263/227/211/ 121/129/108
		D$_{90}$	259	233.1	0/30/50/70/90/110/130/ 150/170/190	413/263/256/268/184/189/ 128/126/110/99
	灌浆-成熟期 （5月9日）	D$_0$	211	0	0	2036
		D$_{40}$	236	94.4	0/30/50/70	1254/304/277/201
		D$_{60}$	255	153	0/30/50/70/90/110/130	515/286/260/303/237/212/223
		D$_{75}$	260	195	0/30/50/70/90/110/ 130/150/170	484/262/229/295/214/164/ 111/134/143
		D$_{90}$	278	250	0/30/50/70/90/110/130/ 150/170/190/210	373/252/225/234/194/134/ 104/77/130/137/176

4.2.3 测试指标和方法

1. 根系形态指标测定

试验设计在2014—2015年和2015—2016年冬小麦的越冬期、拔节期、抽穗期、灌浆期和成熟期各取5次根，每10cm一层，每次各处理重复4次。首先测量各生育阶段冬小麦根系的最大生长深度，之后取样、冲洗、扫描，采用根系分析软件（WinRHIZO version 5.0）进行图片分析，从而获得各生育期不同处

理各土层的根系形态指标，包括根长、根长密度等指标。其中根长密度 RLD 计算公式为

$$RLD = \frac{L}{V} \qquad (4.1)$$

式中：RLD 为根长密度，cm/cm^3；L 为根长，cm；V 为土体体积，cm^3。

2. 根系干重

将扫描后的冬小麦根系置于烘箱中，在 105℃下杀青，75℃烘干至恒重，再分别用万分之一电子天平称量，即可得到冬小麦分层的根系干重及总根干重。

3. 根系活力的测定

冬小麦根系活力的测定采用 TTC 法，每 30cm 为一层。

4. 同位素样品采集

从 2014 年 10 月至 2016 年 6 月，用自制的集雨装置对试验期间的典型降雨进行雨水收集，将水样过滤后保存于离心管中。与此同时，在灌水前对灌溉水进行取样，保存于离心管中。将雨水样品和灌溉水样品低温运回试验室内，冷藏保存待测。

在冬小麦的主要生育期内，各选取无降雨或灌溉后 4～5d 的清晨，按照固定间隔分层取土壤样品（越冬期和返青期为 10cm，拔节期、抽穗期、灌浆期和成熟期为 20cm），将土壤样品装入离心管中，用封口膜密封，低温保存。在取土样的同时，选取冬小麦根茎结合部分（无绿色），剥离表皮，装入离心管中，用封口膜封口，低温保存。

5. 同位素测量

土壤样品及茎秆样品通过低温真空抽提法来提取水样，该方法通过真空蒸馏与液氮冷凝收集水样，抽提过程不发生同位素分馏，抽提时间一般约为 1～2h。

各水样中的 δD 和 $δ^{18}O$ 利用 IRIS（Isotope Ratio Infrared Spectroscopy）软件测量。测量仪器为 PicarroL2130-i，样品中有机物污染采用 Micro-pyrolysis 模块和 ChemCorret Post-processing 软件除去。测量结果用国际原子能机构的 3 种标样（SLAP，VSOMW 和 GISP）校准。测量精度 δD 和 $δ^{18}O$ 分别为 ±1‰ 和 ±0.1‰。

6. 土壤含水率测定

2014—2015 试验年，冬小麦根区不同深度的土壤含水率采用 Diviner2000 土壤水分廓线仪定期测定，每周测一次，灌水或降雨前后加测。而 2015—2016 试验年，剖面土壤含水率的测定采用土壤水分测量系统（TRIME - PICO IPH）进行。

4.3 结果与分析

4.3.1 基于水稳定同位素的根系吸水深度量化

目前，常规研究作物根系吸水深度多以季节性根系分布和土壤含水率等的变化情况来进行定性描述（许景辉等，2021；沈玉芳等，2018）。但相关研究表明，根系分布情况和土壤水分变化并不一定意味着根系吸收土壤水（White 等，2015b；Liu 等，2011；Wang 等，2010）。而水稳定同位素技术，其通过测定和分析不同生育期内植物茎秆水和不同土层土壤水的氢氧稳定同位素比值，从分子和生理角度让定量研究植物土壤水分吸收动态成为可能。在利用水稳定同位素判定植物的根系吸水深度的研究中，恰当的水源的划分和方法分析，是提高其结果的准确性的关键。因此，本书在对不同灌溉深度下冬小麦的潜在吸水水源的分析基础上，确定将不同深度土壤水作为根系吸水水源，利用相关定量分析方法研究冬小麦根系吸水深度。

4.3.1.1 不同灌溉深度下冬小麦的水源划分

研究表明，中国大气降水线公式为：$\delta D = 7.9\delta^{18}O + 8.2$。根据图 4.3 可知，试验地的降水稳定同位素曲线为 $\delta D = 7.781\delta^{18}O + 2.381 (R^2 = 0.950)$，相较于全国大气降水线以及全球大气降水线（斜率为 8、截距为 10），较小的斜率与截距显示由于华北地区水汽来源与循环方式的空间差异性以及温度效应显著导致降水产生二次蒸发；而太行山地区的降水线为 $\delta D = 7.48\delta^{18}O + 6.53$（檀康达等，2021），试验区内的降水线与太行山地区的降水线较为类似。试验地灌溉水稳定

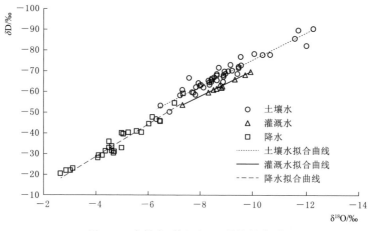

图 4.3 水样中 $\delta^{18}O$ 和 δD 的线性关系

同位素曲线为 $\delta D=6.077\delta^{18}O-9.101(R^2=0.994)$，其与山西中部大气降水线 $\delta D=6.4\delta^{18}O-4.7$（马浩天等，2021）较为相似。试验地的土壤水稳定同位素线性曲线为 $\delta D=6.487\delta^{18}O-10.67(R^2=0.927)$，其斜率与截距的差异则是由于区域内雨水与灌溉水的蒸发而产生的。冬小麦根系主要吸收的水分来源主要为土壤水，同时，灌溉水和雨水只有转化为土壤水，才能被冬小麦根系吸收利用（Ma 等，2020）。因此，单独把雨水和灌溉水直接作为水源分析会影响分析结果的准确性和合理性，故本书中只把不同深度土壤水作为根系吸水来源来分析根系吸水深度。与分析林木等多年生植物不同，由于冬小麦根系生长随季节变化而逐渐加深，所以本书并不按固定范围划分土层，而是随着根系深度的变化而变化。

4.3.1.2 不同灌溉深度下冬小麦根系吸水特性分析

本书利用直接推断法和多元线性模型（IsoScoure）两种分析方法来分析得出不同深度土壤水的水分贡献率，并讨论不同灌溉深度对冬小麦根系吸水深度的影响。

1. 直接推断法分析根系吸水深度

直接推断法通过绘制土壤水同位素值的分布图和茎秆水同位素值的垂线图，研究二者交点所处位置，即为冬小麦根系的主要吸水深度。本书分别在 2014—2015 年和 2015—2016 年的冬小麦主要生育期，取不同土层的土壤水与冬小麦茎秆水进行同位素比值分析，得出各个生育期的根系主要吸水深度，结果如下：

（1）越冬期和返青期。图 4.4 和图 4.5 分别为 2014—2016 年冬小麦越冬期和返青期，茎秆水与土壤水氢氧稳定同位素值的分布图。图中垂线代表冬小麦茎秆的氢氧稳定同位素值，散点代表不同深度土壤水的氢氧稳定同位素值，实线代表氧稳定同位素值，虚线代表氢稳定同位素值。由于越冬期和返青期各处理灌溉深度、灌水时间与大小并无差异，因此并不讨论各处理对根系吸水深度的影响。在本书中，当氢稳定同位素与氧稳定同位素分析结果基本一致的前提下，以氧稳定同位素分析的结果进行论述冬小麦根系吸水深度。

由图 4.4 可知，在越冬期，冬小麦茎秆水的氧稳定同位素值与土壤水的氧稳定同位素值存在两个交点，分别为 $10\sim20cm$ 和 $20\sim30cm$ 区间内的土壤深度，故在该时期，冬小麦主要利用 $10\sim20cm$ 和 $20\sim30cm$ 内的土壤水。进一步对比图 4.4（a）和（b）能够得出，在 2014—2015 年和 2015—2016 年的冬小麦越冬期，虽然不同年际间的土壤水和茎秆水同位素值存在明显差异，主要表现为 2014—2015 年土壤剖面同位素变化较 2015—2016 年更为剧烈，这与 2015—2016 年越冬期降雨量较大有关；但二者的交点基本上都集中于 $10\sim20cm$ 和 $20\sim30cm$ 范围内，故表明在越冬期，冬小麦的根系吸水深度主要集中在 $10\sim$

20cm 和 20～30cm 深度内，这与张丛志等（2012）以及 Zhang 等（2011）的研究结果类似，杜俊杉等（2018）针对不同灌溉条件下的冬小麦定位试验也得出，冬小麦在返青-拔节期的主要根系吸水深度为 0～20cm（贡献率为 67％）。

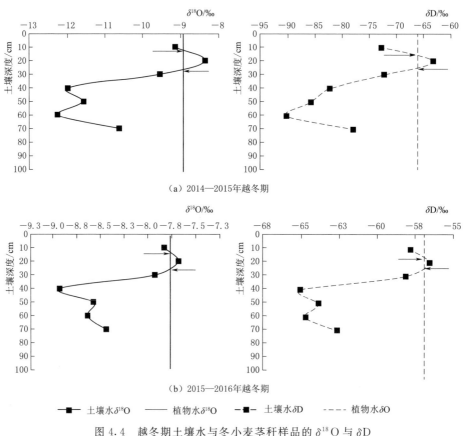

（a）2014—2015 年越冬期

（b）2015—2016 年越冬期

■— 土壤水 δ^{18}O   —— 植物水 δ^{18}O   ■— 土壤水 δD   ---- 植物水 δO

图 4.4　越冬期土壤水与冬小麦茎秆样品的 δ^{18}O 与 δD

由图 4.5 可知，与越冬期相比，虽然冬小麦在返青期的根系生长深度有所增加，但其吸水深度较越冬期并未出现显著变化。同时，在返青期，不同年际间根系吸水深度的差异也不显著。故在该时期，冬小麦的根系吸水深度仍主要集中在 10～20cm 和 20～30cm 深度内。这与该时期主要土壤水分补给来源为降雨、表层根长密度较大有关。

（2）拔节期。图 4.6（a）和（b）分别为 2014—2015 年和 2015—2016 年冬小麦拔节期，茎秆水与土壤水氢氧稳定同位素比值的分布图。图 4.6（a）中 D_0 至 D_{90} 分别代表 2014—2015 年中地面灌溉（D_0）、灌溉深度为根深的 60％（D_{60}）、75％（D_{75}）和 90％（D_{90}），图 4.6（b）中新增 D_{40}，其代表 2015—2016 年中灌溉

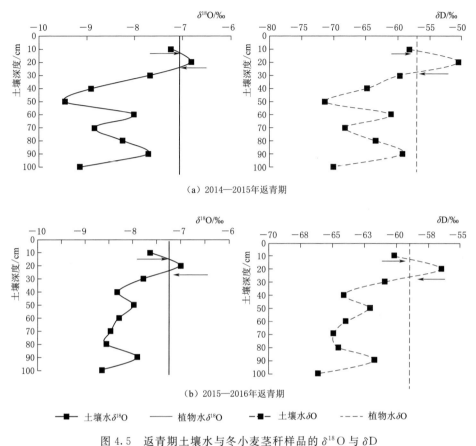

（a）2014—2015年返青期

（b）2015—2016年返青期

■── 土壤水δ¹⁸O ── 植物水δ¹⁸O ■── 土壤水δO ----- 植物水δO

图 4.5 返青期土壤水与冬小麦茎秆样品的 $\delta^{18}O$ 与 δD

深度为根深的 40% 的处理。

由图 4.6 可知，在拔节期，冬小麦茎秆水的氧稳定同位素值与土壤水的氧稳定同位素值仅存在 1 个交点，为 20～40cm 的区间内。在该时期，各处理对冬小麦的根系主要吸水深度并无明显影响，交点均在 20～40cm 范围内。这表明，虽然灌溉深度增加使得中深层根系生长加速，改善了中深层的土壤水分状况，但在拔节期，冬小麦主要利用的土壤水仍较浅。但不同灌溉深度对深层土壤水的吸收仍有一定影响，如图 4.6（b）中 100cm 以下的土壤氧稳定同位素，随着灌溉深度的增加，其值趋向于茎秆氧稳定同位素值垂线。

（3）抽穗期。图 4.7（a）和（b）分别为 2014—2015 年和 2015—2016 年冬小麦抽穗期，茎秆水与土壤水氢氧稳定同位素值的分布图。在该时期，冬小麦根系吸水并不局限于表层 20～40cm，开始利用中深层土壤水。其中，在 2014—2015 年［图 4.7（a）］，D_0 和 D_{60} 处理下的冬小麦主要吸收 20～40cm、80～100cm

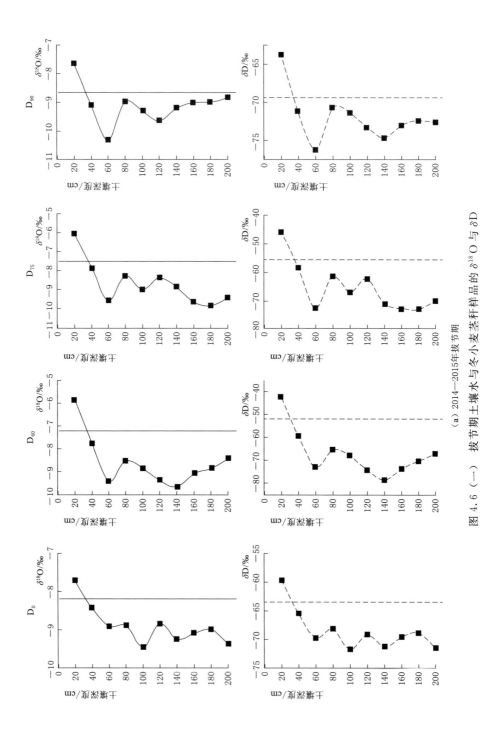

（a）2014—2015年拔节期

图 4.6（一）　拔节期土壤水与冬小麦茎秆样品的 δ^{18}O 与 δD

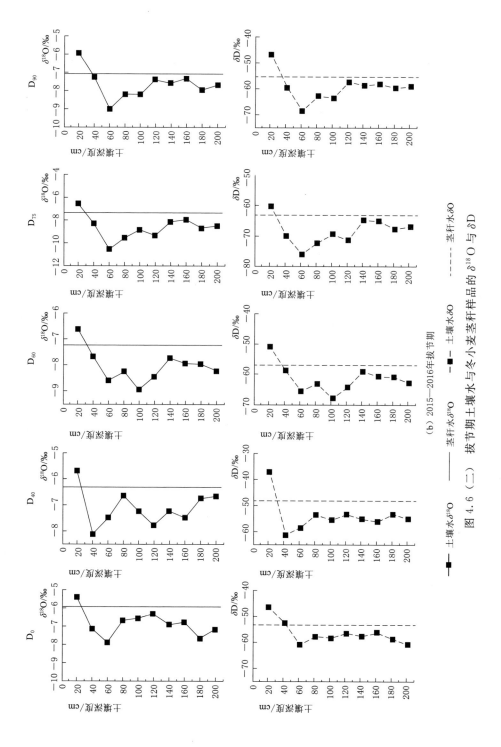

图 4.6 (二) 拔节期土壤水与冬小麦茎秆样品的 δ^{18}O 与 δD

(b) 2015—2016年拔节期

━■━ 土壤水δ^{18}O   ──── 茎秆水δ^{18}O   ─■─ 土壤水δD   ----- 茎秆水δO

■ 土壤水δ^{18}O

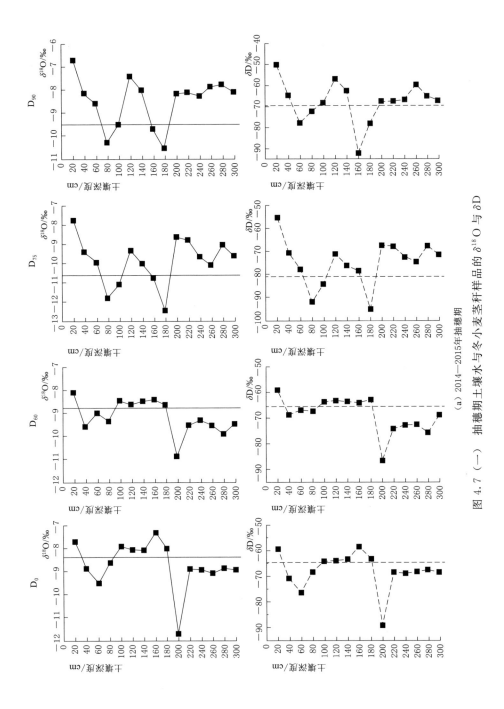

（a）2014—2015年抽穗期

图 4.7 （一） 抽穗期土壤水与冬小麦茎秆样品的 δ^{18}O 与 δD

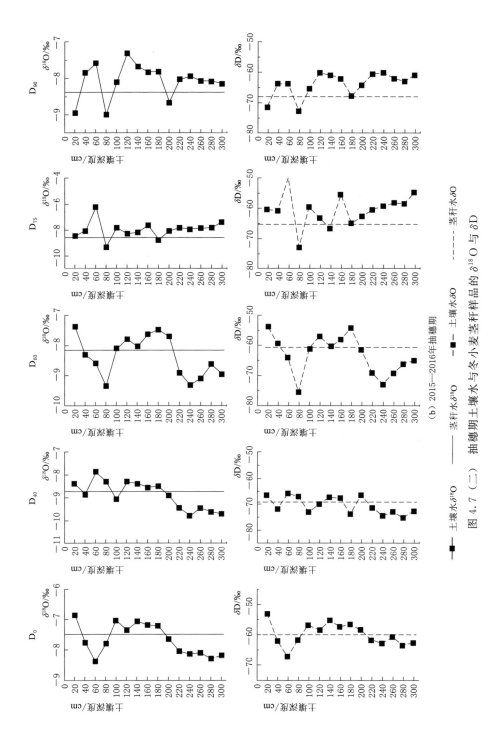

（b）2015—2016年抽穗期

图 4.7 （二） 抽穗期土壤水与冬小麦茎秆样品的 $\delta^{18}O$ 与 δD

和 180～200cm 范围内的土壤水，处理 D_{75} 主要吸收 60～80cm、100～120cm、140～160cm 和 180～200cm 区间内的土壤水，而处理 D_{90} 则主要利用来自 70cm、100cm、140～160cm 和 190cm 的土壤水；在 2015—2016 年抽穗期的各处理中，D_0 处理下的冬小麦主要吸收 20～40cm、80～100cm 和 180～200cm 范围内的土壤水，D_{40} 处理为 20～40cm、40～60cm、80～100cm、100～120cm 和 180～200cm 的土壤水，处理 D_{60} 主要利用 20～40cm、100cm 和 200～220cm 的土壤水，处理 D_{75} 为 60～80cm、80～100cm、160～180cm 和 180～200cm，而处理 D_{90} 主要吸收 20～40cm、60～80cm、80～100cm、180～200cm 和 200～220cm 范围内的土壤水。

（4）灌浆期。通过分析不同灌溉深度下冬小麦灌浆期的茎秆水与土壤水氢氧稳定同位素值的分布图（图 4.8）可知，处理 D_0 在 2014—2015 年主要利用 60～80cm、80～100cm、180～200cm 和 220～240cm，在 2015—2016 年则主要利用 60～80cm、80～100cm、200～240cm；D_{40} 处理下，土壤水和茎秆水的交点较多，在 60～80cm、80～100cm、180～200cm 和 240～260cm 范围内均有交点；2014—2015 年的灌浆期，处理 D_{60} 主要利用 180～200cm 和 220～240cm 土壤水，而在 2015—2016 年，D_{60} 则利用 80～100cm、140cm、180～200cm 和 220～240cm 范围的土壤水；处理 D_{75} 在第一年主要利用 100～120cm、120～140cm、180～200cm 和 220～240cm 的土壤水，而在第二年主要利用 80～100cm、120～140cm、180～200cm 和 200～220cm 的土壤水；对于处理 D_{90} 而言，2014—2015 年主要利用 60～80cm、80～100cm、220～240cm 和 240～260cm 的土壤水，在 2015—2015 年仅主要利用 60～80cm 和 220～240cm 土层的土壤水。

这里需要注意的是，在该时期的某些处理如图 4.8（a）中的处理 D_{40} 和 D_{90} 出现氢氧稳定同位素值的交点不完全一致的现象，这在 Li 等（2007）、Wang 等（2010）研究中均有发现类似现象。

（5）成熟期。图 4.9 为成熟期不同灌溉深度下冬小麦茎秆水和土壤水同位素值的分布图。由图 4.9 可知，2014—2015 年，处理 D_0 和 D_{60} 的冬小麦均主要利用 40～60cm、80～100cm 和 100～120cm，而处理 D_{75} 和 D_{90} 则主要利用 40～60cm、100～120cm 和 120～140cm 的土壤水。

在 2015—2016 年的成熟期，处理 D_0 和 D_{40} 均只有一个交点，即 20～40cm 的土壤水，处理 D_{60} 的冬小麦主要利用 20～40cm 和 100cm 的土壤水，处理 D_{75} 主要利用 20～40cm、160～180cm 和 180～200cm 的土壤水，处理 D_{90} 主要利用 20～40cm 和 220cm 的土壤水。这说明，较灌浆期，成熟期冬小麦根系主要吸水深度有所减小，但深层灌溉方式下冬小麦对深层土壤水的利用仍存在，且随着灌溉深度的增加而呈增大趋势。

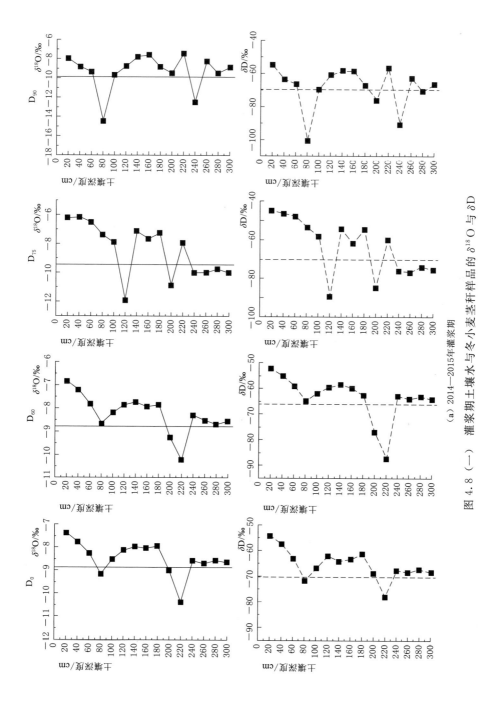

(a) 2014—2015年灌浆期

图 4.8 （一） 灌浆期土壤水与冬小麦茎秆样品的 δ^{18}O 与 δD

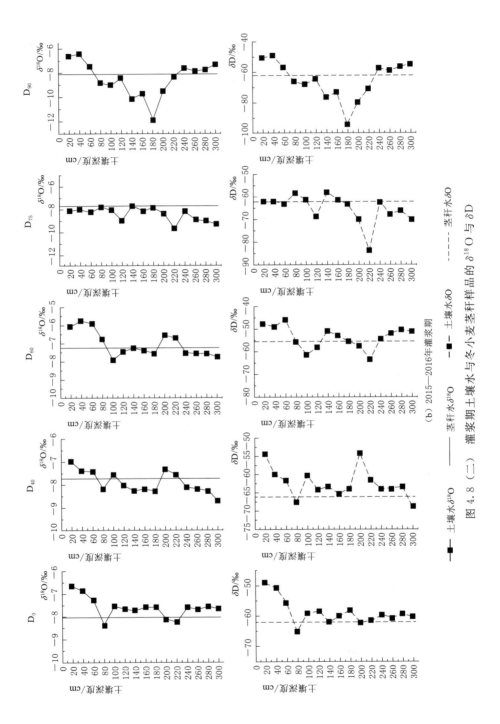

(b) 2015—2016年灌浆期

图 4.8 (二) 灌浆期土壤水与冬小麦茎秆样品的 $\delta^{18}O$ 与 δD

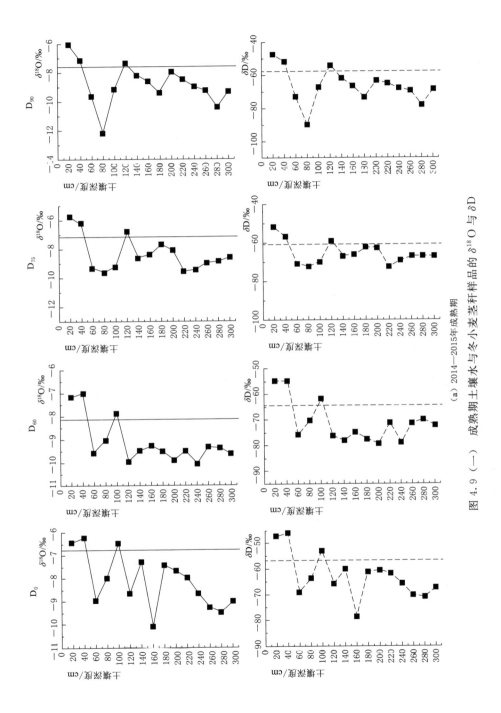

（a）2014—2015年成熟期

图 4.9 （一） 成熟期土壤水与冬小麦茎秆样品的 δ^{18}O 与 δD

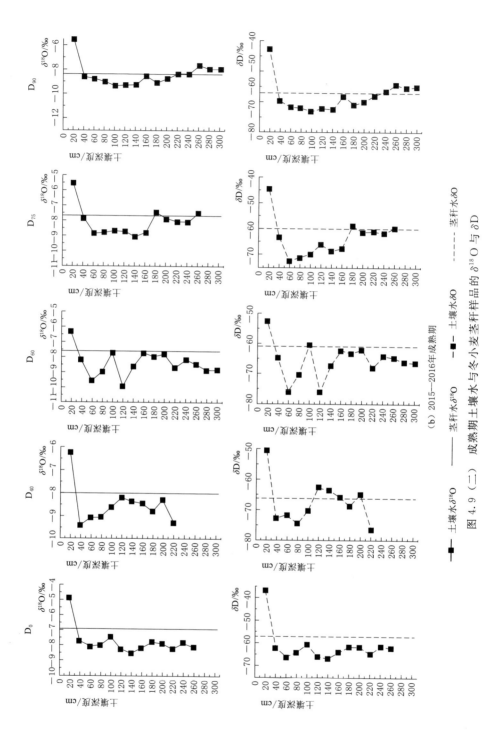

(b) 2015—2016年成熟期

图 4.9 （二） 成熟期土壤水与冬小麦茎秆样品的 δ^{18}O 与 δD

综上所述，通过直接推断法可以得出，越冬期和返青期，冬小麦主要利用10～30cm的浅层土壤水，在拔节期主要利用20～40cm范围内的土壤水，而在抽穗期和灌浆期，地面灌溉下冬小麦的根系吸水深度为20～40cm以及80cm以下的土壤水，而深层灌溉促进了冬小麦对100cm以下的土壤水的吸收，这说明深层灌溉诱导了根系生长，能促进根系吸收深层土壤水。到了成熟期，不同灌溉处理下的根系吸水深度均有减小，但深层灌溉下根系仍能利用部分100cm以下的土壤水。

由于直接推断法认为同位素交点位置为根系的主要吸水深度，若出现多个深度则无法区分各深度贡献的情况，且并未考虑不同水源混合的情况。因此，本书将利用多元线性模型进一步分析各深度的土壤水的贡献率，量化冬小麦根系吸水范围。

2. 多元线性模型分析根系吸水深度

从图4.7～图4.9中可以看出，通过直接推断法得出不同灌溉深度下冬小麦在部分生育期内出现利用多层土壤水的情况，这可能是由于茎秆同位素值与多层土壤水的同位素值相近，也可能是由于茎秆同位素值是由不同土壤水按某一比例混合的结果，故应进一步采用多元线性模型进行分析。

目前，多元线性模型被广泛应用于水稳定同位素溯源的研究中，其依据同位素质量守恒原理来分析水源的水分贡献率，规避其他方法的诸多假设，可以计算当水源数量大于3个的水分贡献率。本书使用 IsoSource 模型来计算各土层土壤水的贡献率结果。由于研究表明氢稳定同位素较氧稳定同位素更易发生分馏，故仅采用氧稳定同位素进行分析。

（1）越冬期和返青期。在越冬期和返青期，分析不同深度土壤水的水分贡献率范围和平均水分贡献率值。图4.10和图4.11分别为越冬期和返青期水分贡献率直方图。

在图4.10中，横坐标代表水分贡献率而纵坐标代表频率。如图4.10（a）所示，在2014—2015年越冬期，10～20cm土壤水的贡献率在30%～80%出现的频率最高，而其他深度的土壤水基本都在0～20%出现的概率较高，所以10～20cm深度的土壤水为这一时期的主要的水源。

表4.4为冬小麦越冬期和返青期不同深度土壤水的平均水分贡献率。根据表4.4可知，多元线性模型得出，不同灌溉深度处理下冬小麦在越冬期的主要水源为10～20cm深度的土壤水，返青期的主要水源也为10～20cm。这是由于在该时期，根长密度的峰值基本集中于0～20cm层土壤、深层根系正处于发育阶段，且表层土壤水分变化比较剧烈，而植物更倾向于吸收比较稳定的土壤水水源（Guo等，2016）。

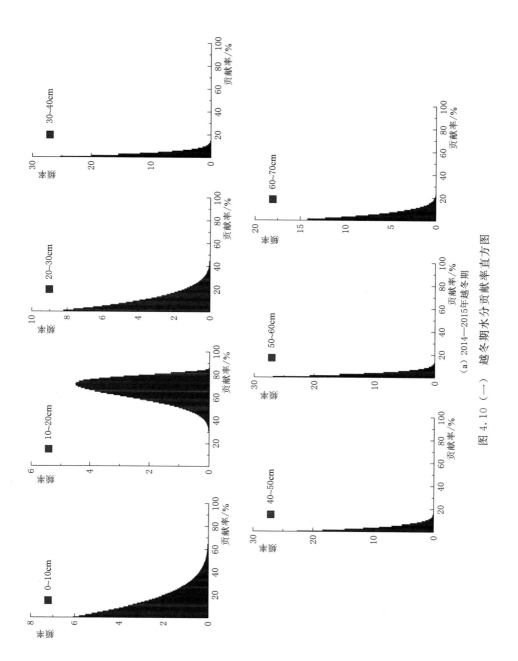

（a）2014—2015年越冬期

图 4.10（一）　越冬期水分贡献率直方图

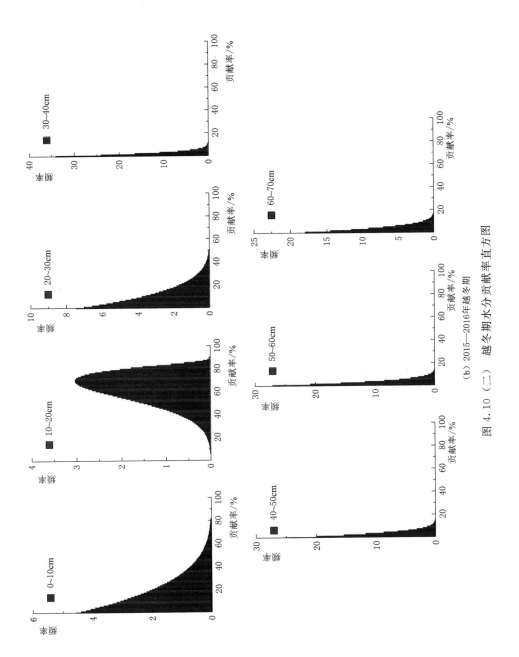

图 4.10（二） 越冬期水分贡献率直方图

（b）2015—2016年越冬期

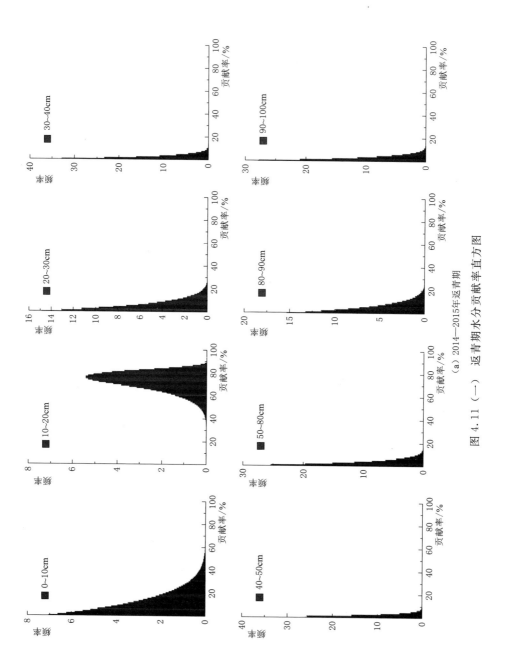

(a) 2014—2015年返青期

图 4.11 (一) 返青期水分贡献率直方图

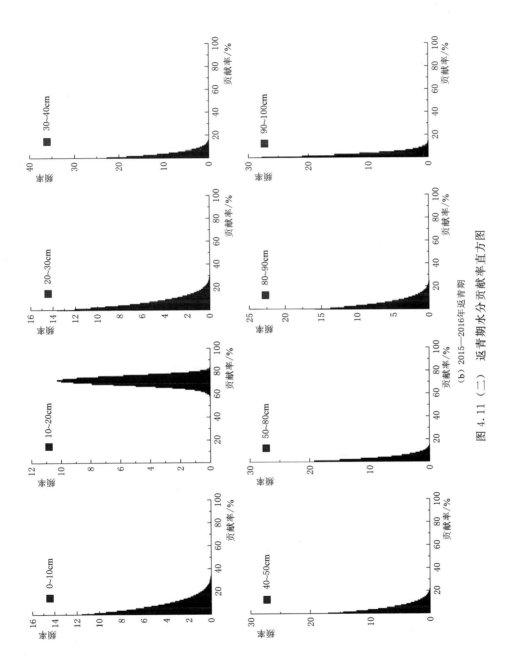

(b) 2015—2016年返青期

图 4.11 (二) 返青期水分贡献率直方图

表 4.4　　　　　冬小麦越冬期和返青期不同深度土壤水的平均水分贡献率

生育期	年份	土壤深度（cm）及对应水分贡献率（%）							
越冬期	2014—2015	0~10 (12.9)	10~20 (66.7)	20~30 (8.6)	30~40 (2.5)	40~50 (2.8)	50~60 (2.3)	60~70 (4.2)	
	2015—2016	0~10 (17.5)	10~20 (62.8)	20~30 (10.4)	30~40 (1.6)	40~50 (2.5)	50~60 (2.3)	60~70 (3.0)	
返青期	2014—2015	0~10 (11.3)	10~20 (71.9)	20~30 (4.9)	30~40 (1.8)	40~50 (1.3)	50~80 (2.5)	80~90 (4.3)	90~100 (1.9)
	2015—2016	0~10 (6.6)	10~20 (71.5)	20~30 (5.4)	30~40 (2.9)	40~50 (4.2)	50~80 (2.6)	80~90 (4.5)	90~100 (2.2)

（2）拔节期。图 4.12 和表 4.5 分别为拔节期不同灌溉深度下冬小麦的水分贡献率直方图和平均水分贡献率，由此可知，在拔节期，冬小麦的主要吸水水源为 0~20cm 土层的土壤水，占整个水分贡献率的 41.4%~70.1%。虽然不同灌溉深度处理下，冬小麦的主要吸水深度并未发生明显变化，但 0~20cm 土壤深度的平均水分贡献率却随着灌溉深度的增加而呈下降趋势，可见深层灌溉对冬小麦根系吸水深度开始产生影响，即减少了表层水分贡献率，增大了深层水分的吸收和利用。

表 4.5　　　　　冬小麦拔节期不同处理下不同深度土壤水的平均水分贡献率

处理	年份	土壤深度（cm）及对应水分贡献率（%）						
D_0	2014—2015	0~20 (56.9)	20~40 (12.1)	40~60 (7.0)	60~80 (7.2)	80~100 (4.7)	100~160 (6.3)	160~200 (5.7)
	2015—2016	0~20 (70.1)	20~40 (4.7)	40~60 (3.1)	60~120 (8.0)	120~160 (6.0)	160~180 (3.4)	180~200 (4.8)
D_{60}	2014—2015	0~20 (53.2)	20~40 (12.0)	40~60 (6.0)	60~80 (8.3)	80~100 (7.3)	100~160 (5.8)	160~200 (7.5)
	2015—2016	0~20 (65.6)	20~40 (8.7)	40~80 (4.8)	80~100 (3.5)	100~120 (4.8)	120~180 (7.2)	180~200 (5.5)
D_{75}	2014—2015	0~20 (45.5)	20~40 (13.7)	40~60 (6.5)	60~80 (10.9)	80~100 (7.9)	100~160 (9.2)	160~200 (6.4)
	2015—2016	0~20 (58.2)	20~40 (7.7)	40~60 (3.1)	60~100 (4.4)	100~120 (5.8)	120~160 (12.0)	160~200 (8.8)
D_{90}	2014—2015	0~20 (41.4)	20~40 (11.2)	40~60 (5.8)	60~80 (12.3)	80~100 (9.6)	100~120 (7.9)	120~200 (11.8)
	2015—2016	0~20 (47.4)	20~40 (7.0)	40~60 (5.1)	60~100 (7.2)	100~140 (10.8)	140~160 (13.5)	160~200 (8.9)
D_{40}	2015—2016	0~20 (51.6)	20~40 (4.9)	40~60 (6.9)	60~80 (10.3)	80~120 (5.8)	120~160 (6.9)	160~200 (13.0)

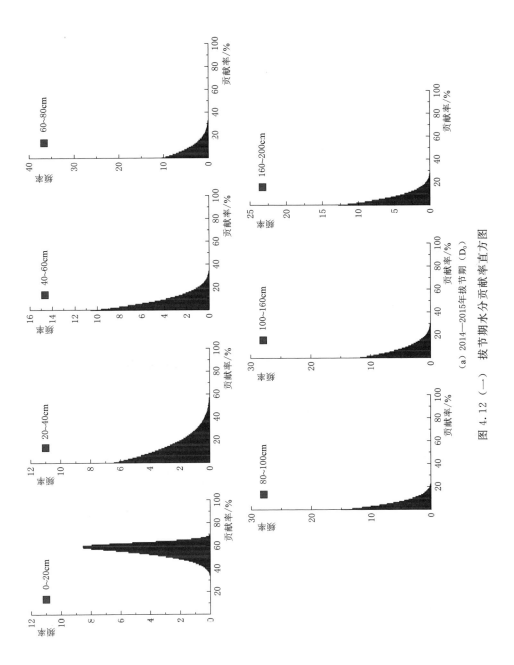

(a) 2014—2015年拔节期（D_0）

图 4.12 （一） 拔节期水分贡献率直方图

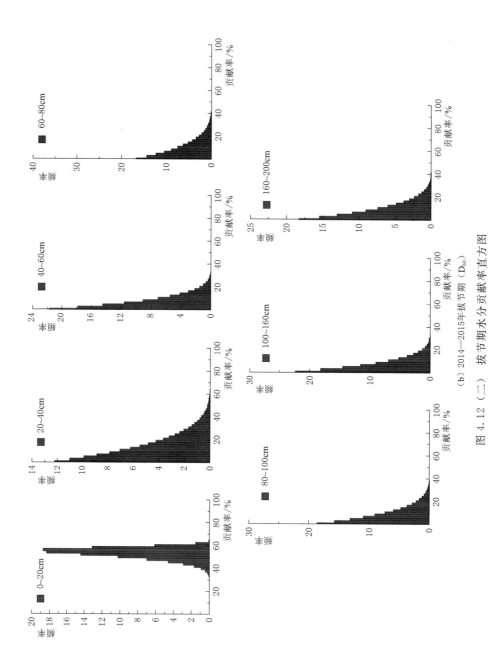

(b) 2014—2015年拔节期（D_{60}）

图 4.12 （二） 拔节期水分贡献率直方图

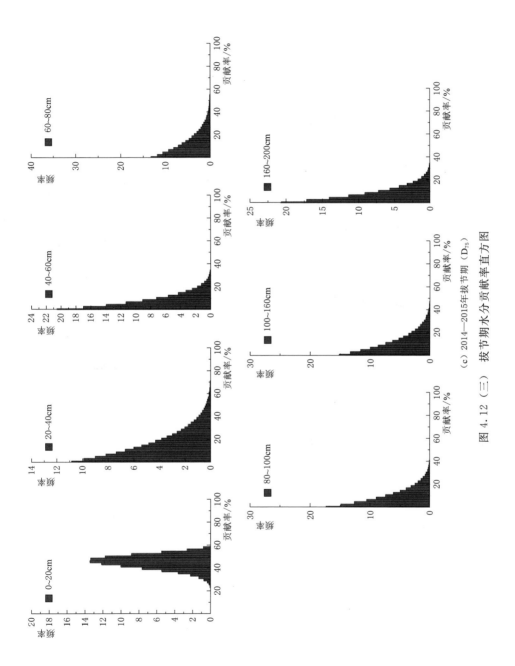

（c）2014—2015年拔节期（D_{75}）

图4.12（三） 拔节期水分贡献率直方图

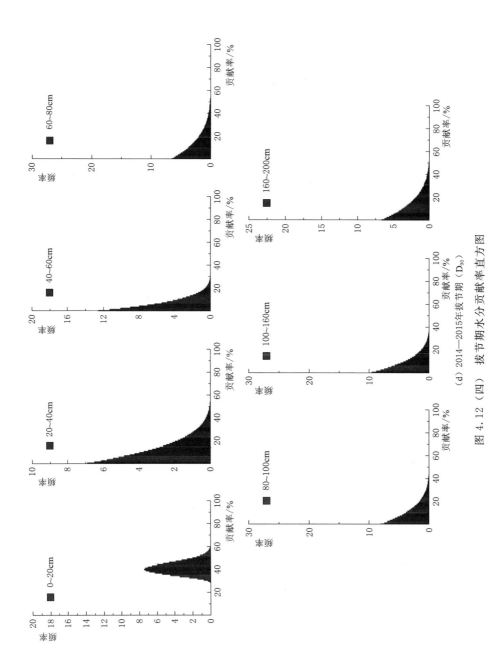

图 4.12（四） 拔节期水分贡献率直方图

（d）2014—2015年拔节期（D_{90}）

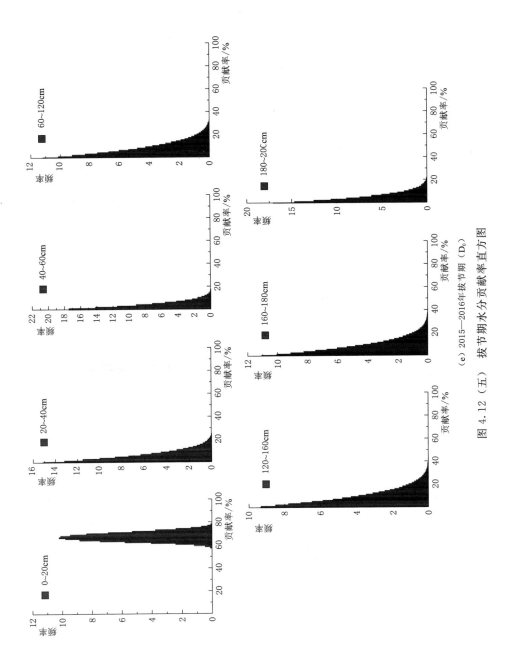

（e）2015—2016年拔节期（D_0）

图 4.12（五） 拔节期水分贡献率直方图

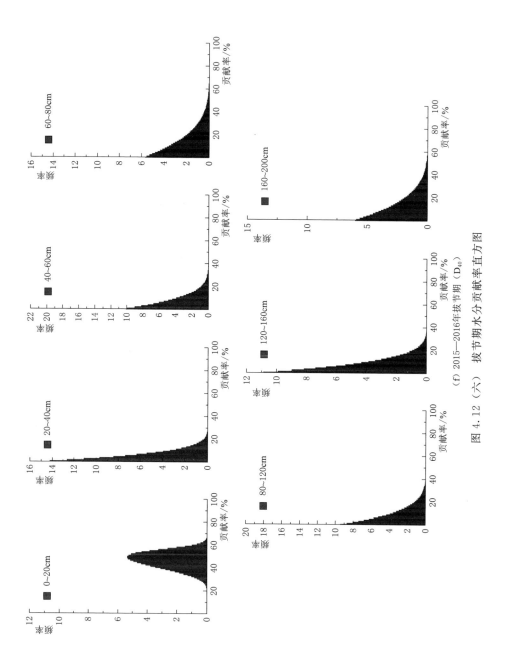

(f) 2015—2016年拔节期（D_{40}）

图 4.12（六）　拔节期水分贡献率直方图

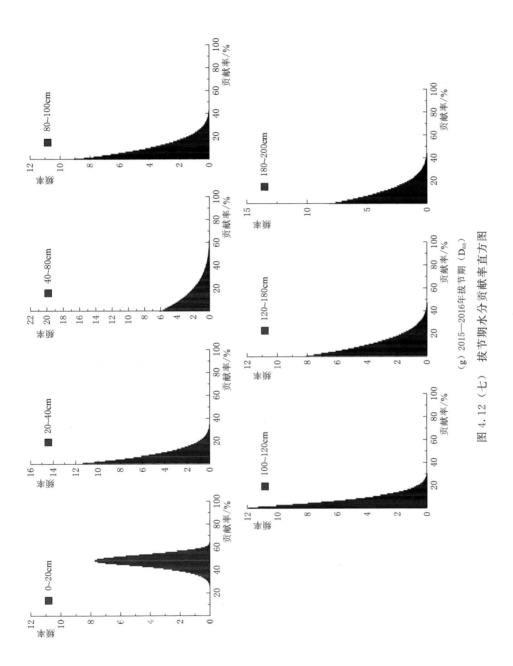

（g）2015—2016年拔节期（D_{60}）

图 4.12（七） 拔节期水分贡献率直方图

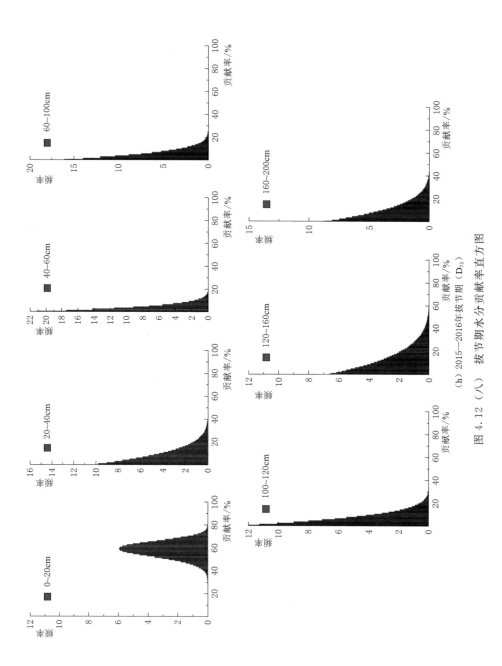

图 4.12（八）

（h）2015—2016年拔节期（D_{75}）　拔节期水分贡献率直方图

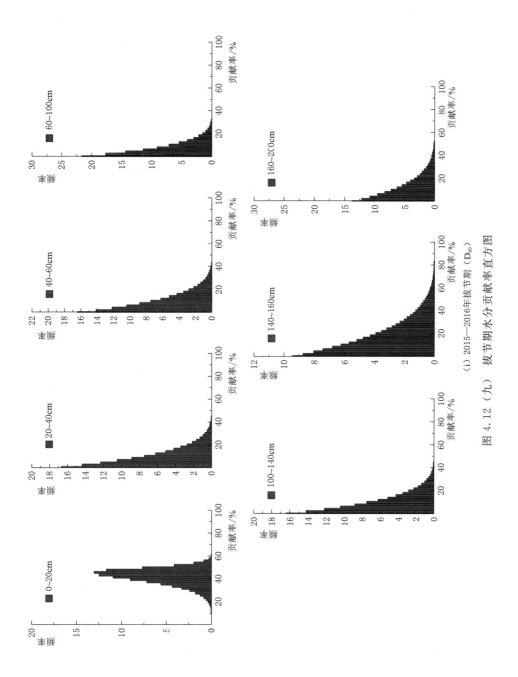

(i) 2015—2016年拔节期（D_{90}）

图 4.12（九） 拔节期水分贡献率直方图

（3）抽穗期。图 4.13 和表 4.6 为抽穗期不同灌溉深度下冬小麦各土层水分贡献率直方图和平均水分贡献率值。由图 4.13 和表 4.6 可知，不同处理下的冬小麦在该时期吸收土壤水的范围并不一致，其中 D_0 处理的主要吸水深度为 $0 \sim 40cm$ 和 $80 \sim 180cm$，但 2015—2016 年 D_0 在 $0 \sim 40cm$ 贡献率较上一年有所提高；D_{40} 的主要吸水深度为 $0 \sim 40cm$、$100 \sim 160cm$ 和 $160 \sim 180cm$；在两年内，D_{60} 吸水深度均包括 $0 \sim 40cm$、$100 \sim 160cm$ 和 $160 \sim 180cm$，但 2014—2015 年的 D_{60} 仍吸收部分 $80 \sim 100cm$ 土壤水，而 2015—2016 年的 D_{60} 对 $180 \sim 200cm$ 比 $80 \sim 100cm$ 的土壤水利用率稍高；D_{75} 的主要吸水深度为 $60 \sim 80cm$、$80 \sim 100cm$ 和 $160 \sim 180cm$，而 2015—2016 年的 D_{75} 仍利用部分 $180 \sim 200cm$ 的土壤水；D_{90} 则主要利用 $60 \sim 80cm$ 和 $160 \sim 180cm$ 的深层土壤水。

表 4.6　　冬小麦抽穗期不同处理下不同深度土壤水的平均水分贡献率

处理	年份	土壤深度（cm）及对应水分贡献率（%）							
D_0	2014—2015	0~40 (15.3)	40~60 (6.1)	60~80 (11.4)	80~100 (19.4)	100~160 (20.2)	160~180 (18.5)	180~220 (2.6)	200~300 (6.5)
	2015—2016	0~40 (16.3)	40~60 (4.9)	60~80 (8.7)	80~100 (18.5)	100~160 (17.5)	160~180 (17.3)	180~200 (10.7)	200~300 (7.0)
D_{60}	2014—2015	0~40 (13.4)	40~60 (10.9)	60~80 (6.8)	80~100 (21.8)	100~160 (20.9)	160~180 (18.4)	180~200 (2.2)	200~300 (5.5)
	2015—2016	0~40 (16.1)	40~60 (8.7)	60~80 (5.1)	80~100 (13.3)	100~160 (16.3)	160~180 (17.1)	180~200 (16.9)	200~300 (6.6)
D_{75}	2014—2015	0~40 (6.2)	40~60 (10.3)	60~80 (18.7)	80~100 (17.1)	100~140 (9.2)	140~160 (11.9)	160~180 (18.5)	180~300 (8.0)
	2015—2016	0~40 (11.8)	40~60 (3.5)	60~80 (24.8)	80~100 (8.2)	100~160 (11.3)	160~180 (19.4)	180~200 (13.4)	200~300 (7.8)
D_{90}	2014—2015	0~40 (6.0)	40~60 (9.5)	60~80 (19.3)	80~100 (14.8)	100~140 (6.6)	140~160 (16.3)	160~180 (20.0)	180~300 (7.4)
	2015—2016	0~40 (11.7)	40~60 (3.4)	60~80 (27.4)	80~100 (8.1)	100~160 (11.2)	160~180 (16.8)	180~200 (13.5)	200~300 (7.7)
D_{40}	2015—2016	0~40 (14.4)	40~60 (11.7)	60~80 (13.9)	80~100 (10.9)	100~160 (14.6)	160~180 (14.6)	180~200 (12.2)	200~300 (7.6)

比较不同年份的主要吸水深度，在抽穗期，冬小麦除利用表层土壤水（$0 \sim 40cm$）外，对深层土壤水的水分利用明显增强，而不同灌溉深度不同程度地促进了冬小麦吸收 60cm 以下土壤水，其中灌溉深度为根系深度 75% 和 90%，显著影响了冬小麦对 180cm 以下土壤水的利用，这表明深层灌溉具有诱导根系深扎，调控根系吸收深层土壤水的作用。

（4）灌浆期。图 4.14 和表 4.7 为灌浆期不同灌溉深度下冬小麦各土层水分贡献率直方图和平均水分贡献率值。在该时期，冬小麦继续利用深层土壤水，

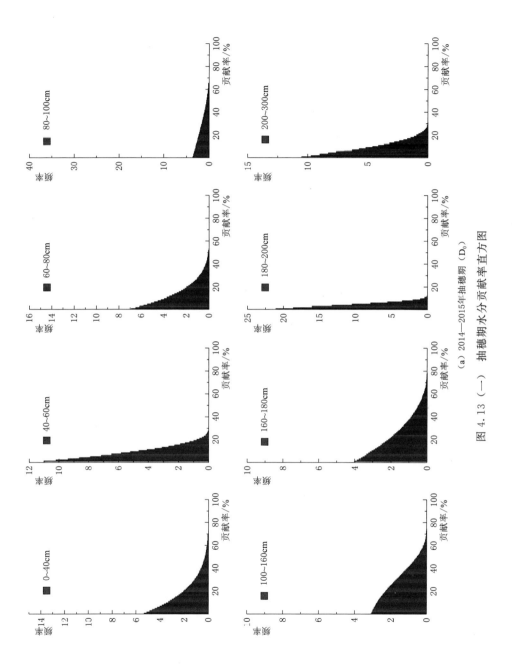

（a）2014—2015年抽穗期（D_0）

图 4.13（一） 抽穗期水分分贡献率直方图

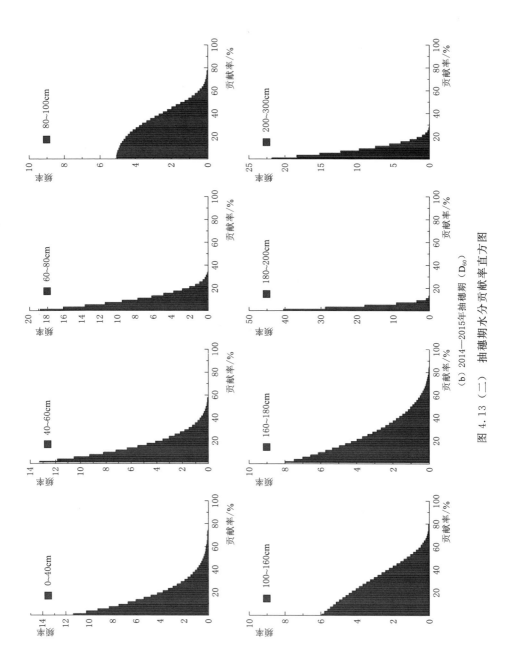

（b）2014—2015年抽穗期（D_{60}）

图 4.13（二） 抽穗期水分贡献率直方图

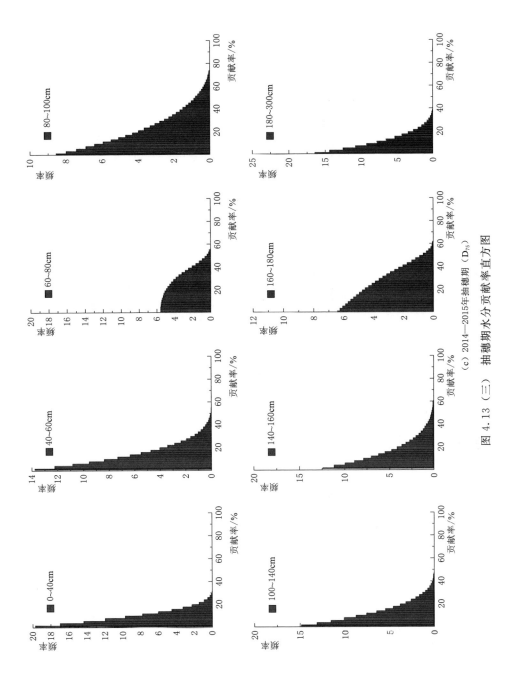

（c）2014—2015年抽穗期（D_{75}）

图 4.13（三）　抽穗期水分贡献率直方图

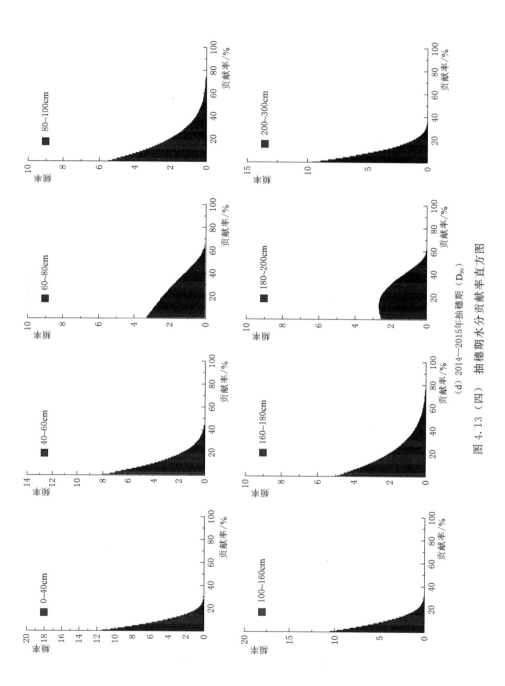

(d) 2014—2015年抽穗期（D_{90}）

图 4.13（四）　抽穗期水分贡献率直方图

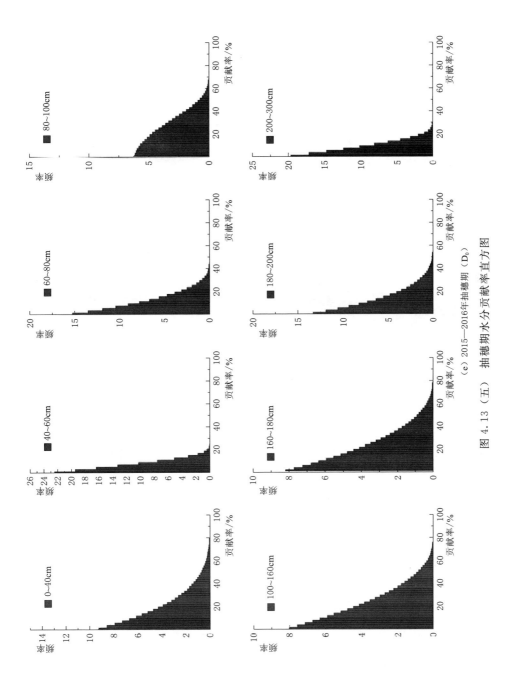

(e) 2015—2016年抽穗期（D_0）

图 4.13（五）　抽穗期水分贡献率直方图

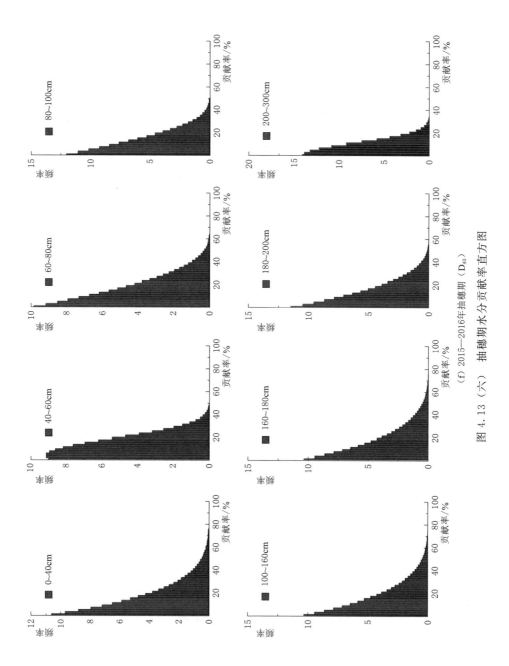

（f）2015—2016年抽穗期（D_{40}）

图 4.13 （六） 抽穗期水分贡献率直方图

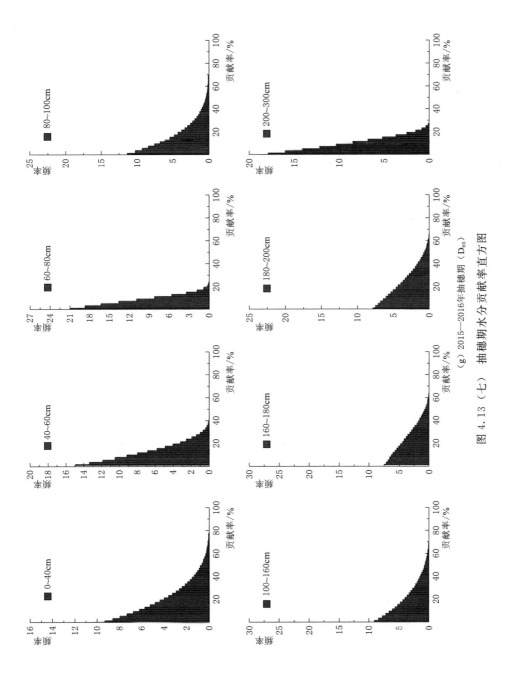

图 4.13 (七) 抽穗期水分贡献率直方图
(g) 2015—2016年抽穗期（D_{60}）

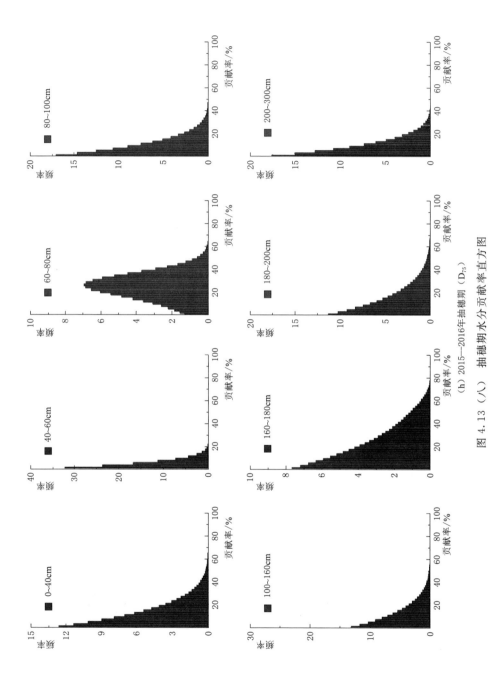

图 4.13 （八） 抽穗期水分贡献率直方图

(h) 2015—2016年抽穗期 (D75)

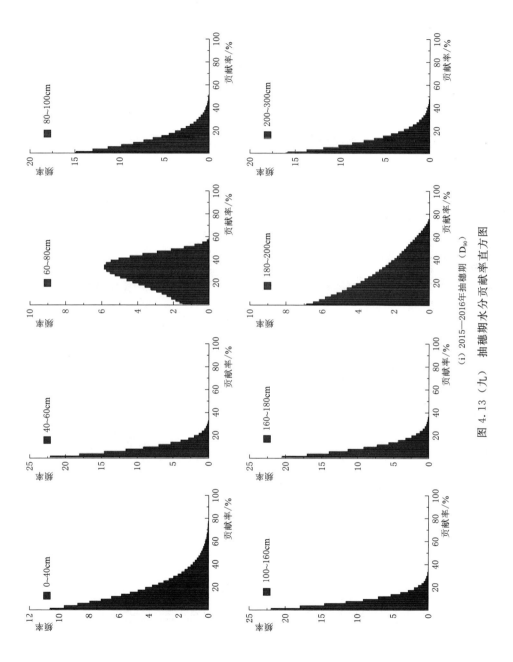

图 4.13（九）　抽穗期水分贡献率直方图

(i) 2015—2016年抽穗期（D_{90}）

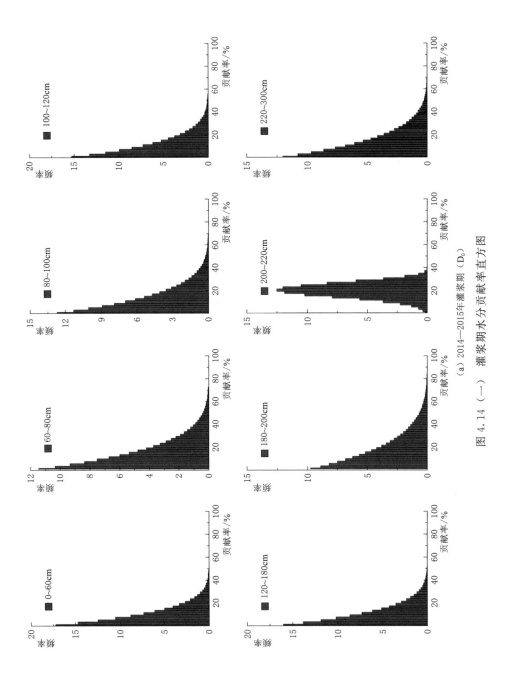

(a) 2014—2015年灌浆期

图 4.14 （一） 灌浆期水分贡献率直方图

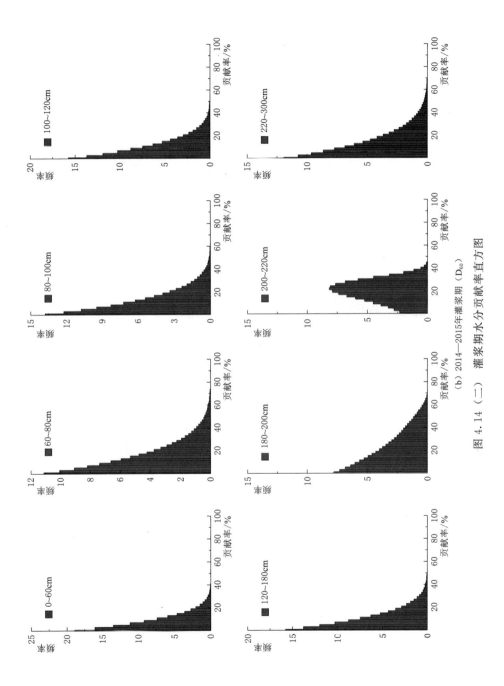

（b）2014—2015年灌浆期（D_{60}）

图 4.14（二） 灌浆期水分贡献率直方图

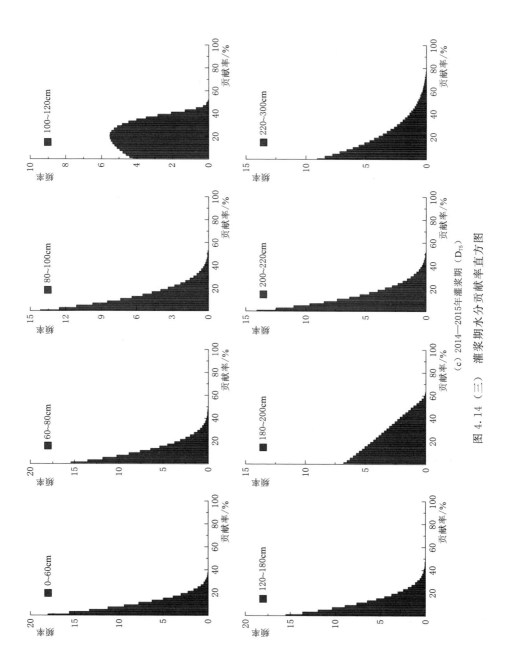

(c) 2014—2015年灌浆期（D_{75}）

图 4.14（三）　灌浆期水分贡献率直方图

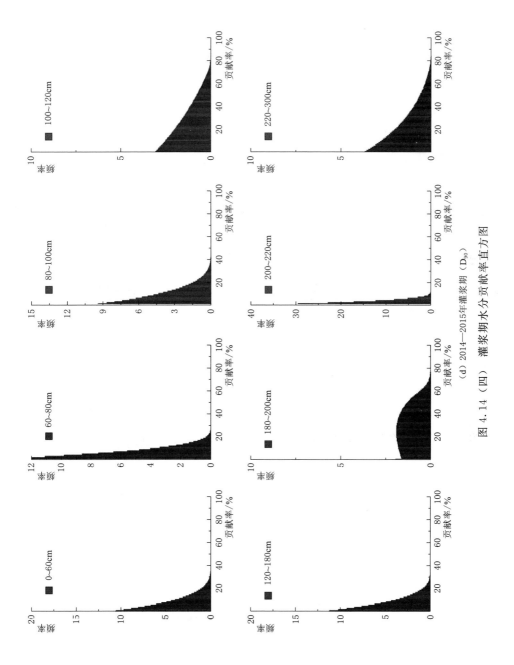

(d) 2014—2015年灌浆期（D_{90}）

图 4.14 （四） 灌浆期水分贡献率直方图

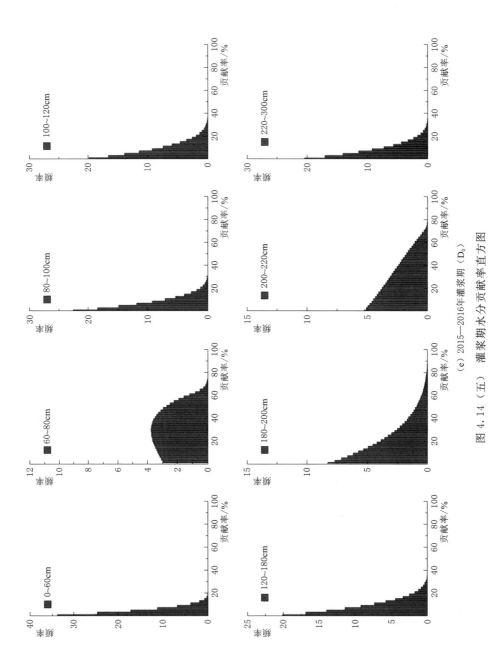

(e) 2015—2016年灌浆期（D_0）

图 4.14（五） 灌浆期水分贡献率直方图

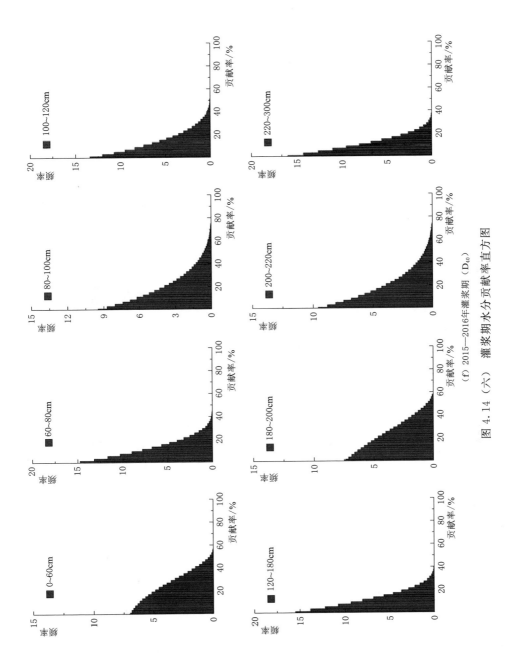

图 4.14（六） 灌浆期水分贡献率直方图

（f）2015—2016年灌浆期（D_{40}）

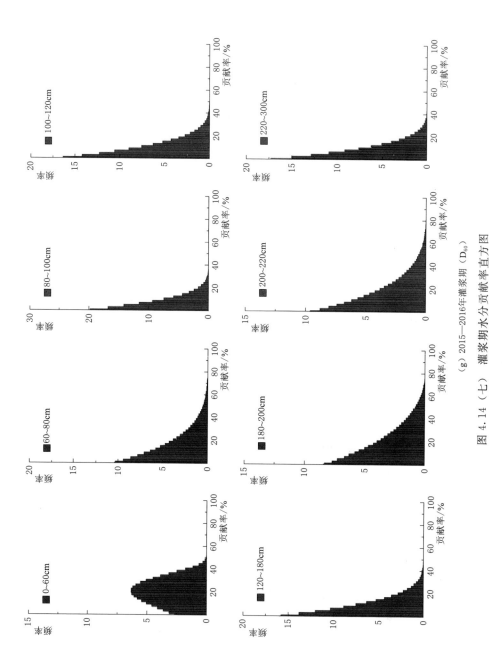

(g) 2015—2016年灌浆期（D_{60}）

图 4.14（七） 灌浆期水分贡献率直方图

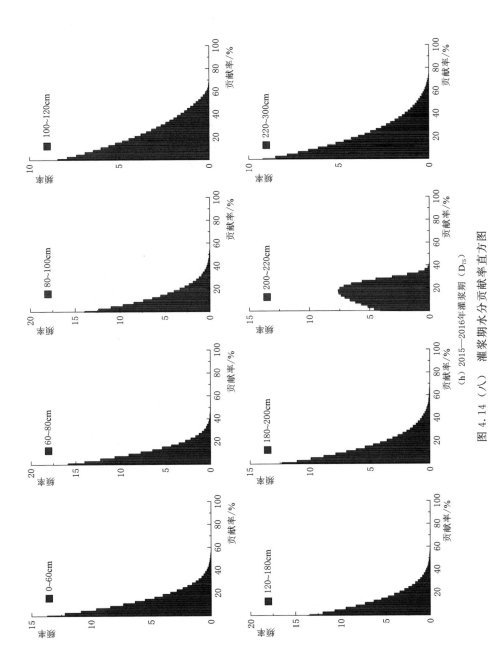

(h)（八）灌浆期（D₁₅）

图 4.14（八）2015—2016年灌浆期水分贡献率直方图

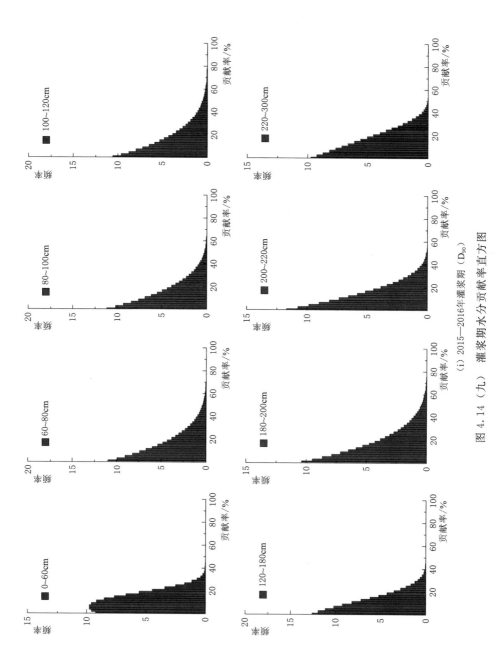

(i) 2015—2016年灌浆期（D_{90}）

图 4.14（九） 灌浆期水分贡献率直方图

其中传统灌溉方式 D_0 主要利用 $60\sim80\text{cm}$、$180\sim200\text{cm}$ 和 $200\sim220\text{cm}$ 范围的土壤水；灌溉深度为根深的 40% 的处理 D_{40} 则要利用 $0\sim60\text{cm}$、$180\sim200\text{cm}$ 和 $200\sim220\text{cm}$ 范围的土壤水；D_{60} 处理在两年的生长期内均利用 $60\sim80\text{cm}$、$180\sim200\text{cm}$ 和 $200\sim220\text{cm}$ 土层的土壤水，此外，在 2015—2016 年 D_{60} 仍吸收了 $0\sim60\text{cm}$ 土壤深度范围的土壤水；处理 D_{75} 则主要利用 $100\sim120\text{cm}$、$180\sim200\text{cm}$ 和 $220\sim300\text{cm}$ 范围的土壤水；处理 D_{90} 在灌浆期主要吸收 $100\sim120\text{cm}$、$180\sim200\text{cm}$ 和 $220\sim300\text{cm}$ 深度范围的土壤水，但深层水分贡献率略大于处理 D_{75}。比较各处理的吸水深度可知，当灌溉深度提高，冬小麦的根系吸水深度较地面灌溉的吸水深度整体下移，体现了深层根区灌溉具有促进冬小麦对深层土壤水利用的潜力。

表 4.7　冬小麦灌浆期不同处理下不同深度土壤水的平均水分贡献率

处理	年份	土壤深度（cm）及对应水分贡献率（%）							
D_0	2014—2015	0~60 (8.2)	60~80 (13.3)	80~100 (11.8)	100~120 (9.5)	120~180 (9.0)	180~200 (15.9)	200~220 (19.8)	220~300 (12.5)
	2015—2016	0~60 (6.5)	60~80 (28.7)	80~100 (5.6)	100~120 (6.7)	120~180 (6.5)	180~200 (18.6)	200~220 (24.4)	220~300 (6.4)
D_{60}	2014—2015	0~60 (7.1)	60~80 (13.7)	80~100 (10.5)	100~120 (8.9)	120~180 (8.9)	180~200 (18.4)	200~220 (19.9)	220~300 (12.6)
	2015—2016	0~60 (20.1)	60~80 (14.9)	80~100 (6.5)	100~120 (8.4)	120~180 (8.8)	180~200 (17.6)	200~220 (16.0)	220~300 (7.8)
D_{75}	2014—2015	0~60 (7.2)	60~80 (8.9)	80~100 (10.0)	100~120 (19.4)	120~180 (8.8)	180~200 (18.8)	200~220 (10.1)	220~300 (16.7)
	2015—2016	0~60 (10.3)	60~80 (8.4)	80~100 (10.1)	100~120 (16.7)	120~180 (10.6)	180~200 (15.7)	200~220 (11.9)	220~300 (16.2)
D_{90}	2014—2015	0~60 (7.0)	60~80 (4.9)	80~100 (8.0)	100~120 (23.0)	120~180 (6.4)	180~200 (28.1)	200~220 (1.9)	220~300 (20.8)
	2015—2016	0~60 (10.4)	60~80 (12.8)	80~100 (12.0)	100~120 (14.5)	120~180 (9.6)	180~200 (14.5)	200~220 (11.6)	220~300 (13.6)
D_{40}	2015—2016	0~60 (16.5)	60~80 (8.9)	80~100 (15.8)	100~120 (10.3)	120~180 (8.3)	180~200 (16.6)	200~220 (15.7)	220~300 (7.8)

（5）成熟期。图 4.15 和表 4.8 为成熟期不同灌溉深度下冬小麦各土层水分贡献率直方图和平均水分贡献率值。由图 4.15 和表 4.8 可知，在成熟期，冬小麦吸水深度逐渐减小，主要开始利用表层 $0\sim40\text{cm}$ 的土壤水，但深层水分也在其吸收利用范围内，如 D_0、D_{60} 仍利用 $80\sim100\text{cm}$ 的土壤水，D_{90} 和 D_{40} 仍利用 $100\sim120\text{cm}$ 的土壤水，D_{75} 仍利用 $100\sim120\text{cm}$ 和 $160\sim200\text{cm}$ 深度范围的土壤水。

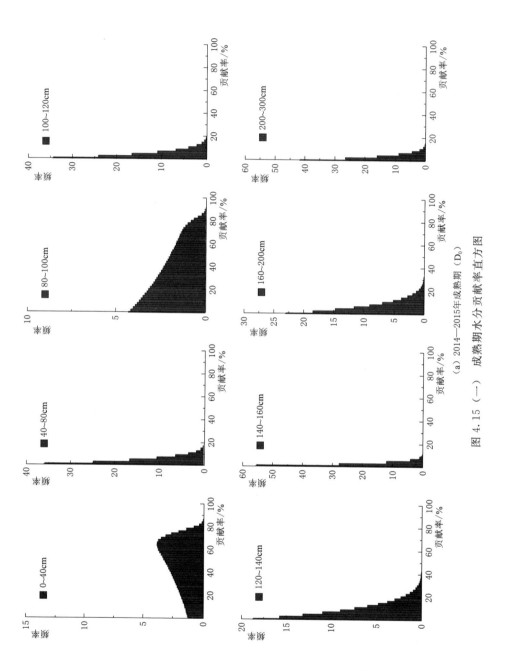

（a）2014—2015年成熟期（D_0）

图 4.15 （一） 成熟期水分贡献率直方图

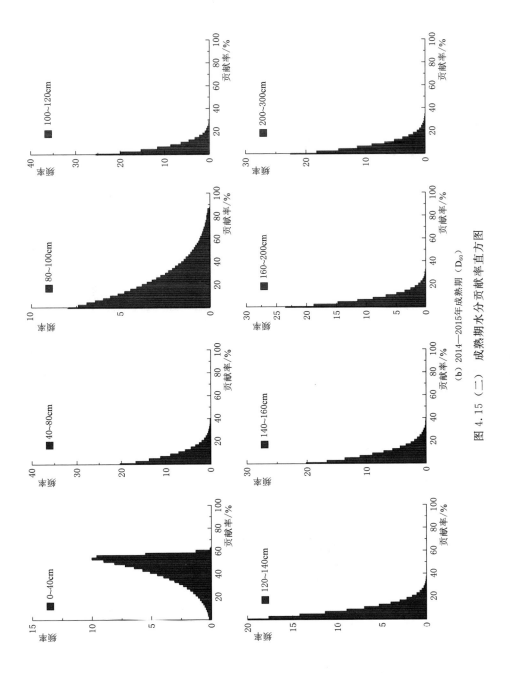

图 4.15 （二） 成熟期水分贡献率直方图

（b）2014—2015年成熟期（D_{60}）

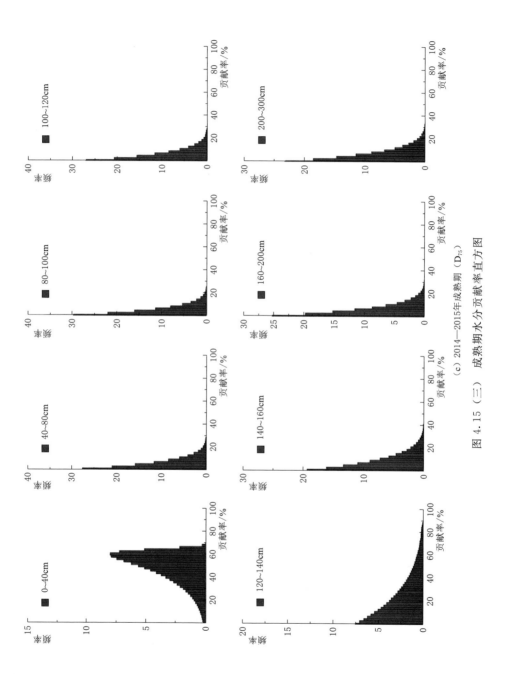

(c) 2014~2015年成熟期（D₇₅）

图 4.15 （三） 成熟期水分贡献率直方图

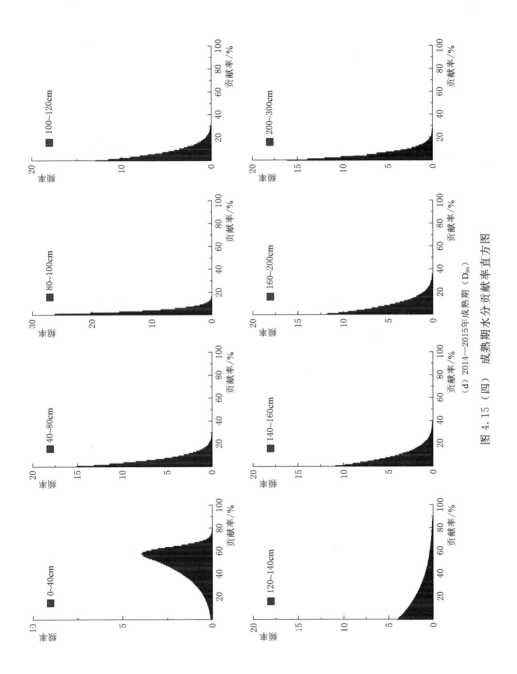

图 4.15（四） 成熟期水分贡献率直方图

（d）2014—2015年成熟期（D_{90}）

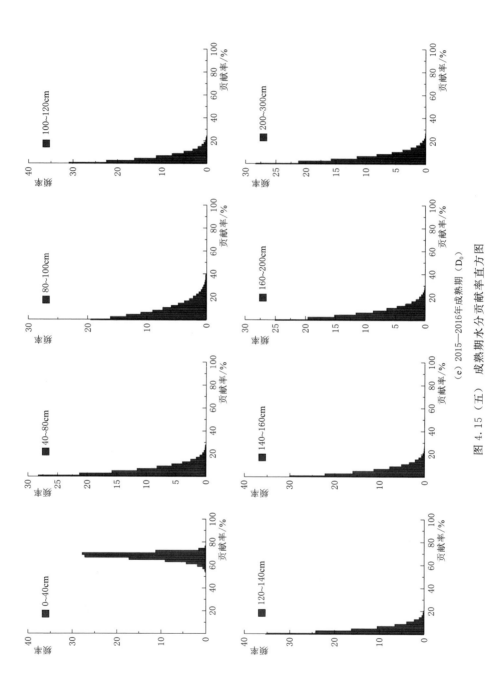

(e) 2015—2016年成熟期（D_0）

图 4.15（五） 成熟期水分贡献率直方图

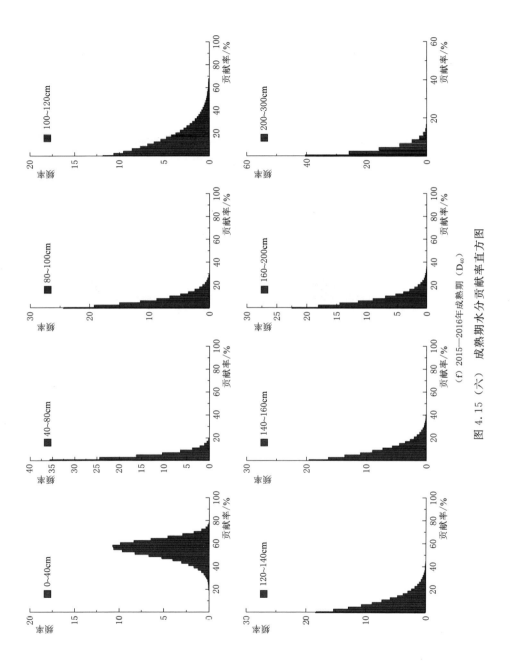

（f）2015—2016年成熟期（D$_{40}$）

图 4.15（六）成熟期水分贡献率直方图

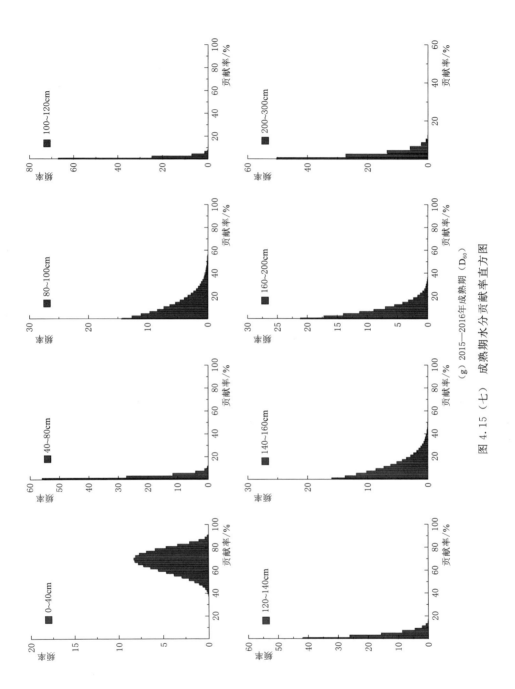

（g）2015—2016年成熟期（D_{60}）

图 4.15（七）　成熟期水分贡献率直方图

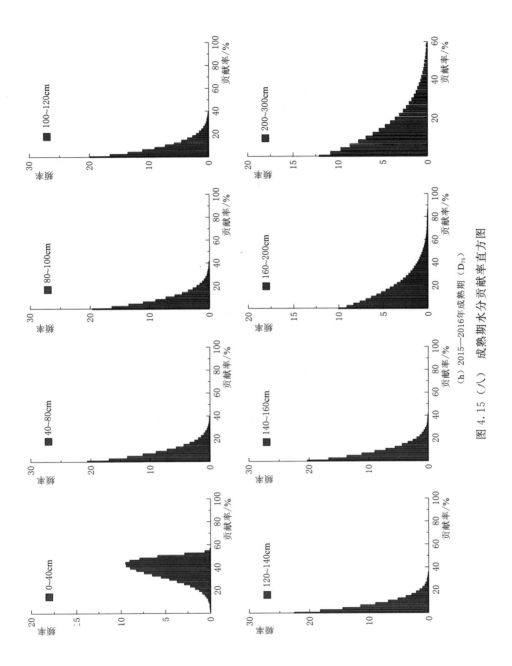

图 4.15 (八) 成熟期水分贡献率直方图
(h) 2015—2016年成熟期（D₇₅）

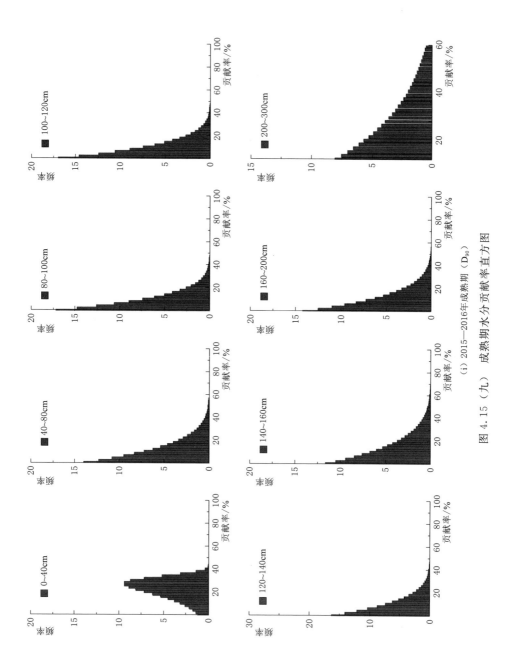

图 4.15 （九） 成熟期水分贡献率直方图

(i) 2015—2016年成熟期（D_{90}）

表 4.8　　冬小麦成熟期不同处理下不同深度土壤水的平均水分贡献率

处理	年份	土壤深度（cm）及对应水分贡献率（%）							
D_0	2014—2015	0～40 (45.5)	40～80 (3.0)	80～100 (31.5)	100～120 (3.2)	120～140 (7.4)	140～160 (1.4)	160～200 (5.7)	200～300 (2.3)
	2015—2016	0～40 (67.9)	40～80 (4.4)	80～100 (7.1)	100～120 (3.9)	120～140 (3.2)	140～160 (4.0)	160～200 (5.2)	200～300 (4.4)
D_60	2014—2015	0～40 (44.1)	40～80 (6.7)	80～100 (19.7)	100～120 (5.0)	120～140 (6.2)	140～160 (6.8)	160～200 (5.6)	200～300 (5.9)
	2015—2016	0～40 (68.0)	40～80 (1.4)	80～100 (10.2)	100～120 (0.9)	120～140 (2.4)	140～160 (9.0)	160～200 (6.4)	200～300 (1.7)
D_75	2014—2015	0～40 (48.0)	40～60 (4.5)	60～80 (4.1)	80～100 (4.7)	100～120 (20.9)	120～180 (7.1)	180～260 (5.1)	260～300 (5.7)
	2015—2016	0～40 (38.7)	40～80 (6.6)	80～100 (7.0)	100～120 (6.9)	120～140 (5.9)	140～160 (6.8)	160～200 (15.6)	200～300 (12.5)
D_90	2014—2015	0～40 (48.5)	40～60 (4.8)	60～80 (2.4)	80～100 (5.8)	100～120 (20.5)	120～180 (7.0)	180～260 (6.5)	260～300 (4.5)
	2015—2016	0～40 (22.5)	40～80 (10.5)	80～100 (8.1)	100～120 (8.3)	120～140 (8.7)	140～160 (13.1)	160～200 (10.3)	200～300 (18.5)
D_40	2015～2016	0～40 (55.5)	40～80 (3.1)	80～100 (5.4)	100～120 (12.8)	120～140 (7.7)	140～160 (7.0)	160～200 (5.9)	200～300 (2.5)

由此可知，冬小麦在越冬期和拔节期主要吸收利用 10～20cm 的土壤水，拔节期主要利用 0～20cm 的土壤水，抽穗期主要利用 0～40cm 和 80～180cm 的土壤水，灌浆期主要利用 60～80cm 和 180～200cm 的范围，成熟期则主要利用 0～40cm 土壤深度，即冬小麦在整个生育期吸收 0～40cm 土壤范围的水分，但在抽穗和灌浆期，深层水分的供给对于冬小麦的生长也非常关键。

综合以上直接推断法和 IsoSource 模型的相关结果可知，冬小麦在整个生育期根系吸水深度主要集中于 0～40cm，但在抽穗和灌浆期的冬小麦需水敏感期，冬小麦对深层土壤水的依赖加深，可见深层土壤水分的供给对冬小麦生长发育非常重要。而不同的灌溉深度处理将会对冬小麦根系吸水深度产生影响，主要体现在增加灌溉深度能够提高深层土壤水分的吸收利用，尤其是灌溉深度为根系深度的 75% 和 90% 处理，对冬小麦的抽穗和灌浆期根系吸水影响显著。在利用稳定同位素技术量化了冬小麦根系吸水深度的基础上，本书进一步通过分析根区土壤水分和根系分布变化阐明其根系吸水深度变化产生的内在机理。

4.3.2 不同灌溉深度下冬小麦土壤水分动态规律

根区土壤水分动态及其分布特征，是驱动作物根系吸水深度变化的重要原因之一。土壤水分动态的变化除受土壤自身如质地、土壤肥力、土壤持水能力、土壤温度的影响外，主要受种植制度、耕作措施和灌溉策略等因素的影响。其中，通过调整灌溉深度，能够在根区剖面实现对土壤水分分布的重构，进一步合理分配有限的水资源，使得其更符合作物在不同阶段对不同土层水分的吸收需求，让有限的土壤水分发挥重要作用。

4.3.2.1 不同灌溉深度下土壤含水率垂向变化

图 4.16 为 2014—2015 年各生育期不同处理下冬小麦根区土壤体积含水率垂向分布。从图 4.16（a）和（b）中可以得出，在冬小麦越冬期和返青期，各处理的土壤含水率变化趋势基本一致，即受地表蒸发的影响，导致表层 0～20cm 土壤含水率较低，随着深度的增加，土壤蒸发强度对土壤水分的影响降低，土壤水分的变化主要由垂向迁移和根系吸水影响，20～120cm 土壤含水率逐渐增大，到 160cm 土壤深度处的土壤含水率基本是表层土壤含水率的 2 倍。

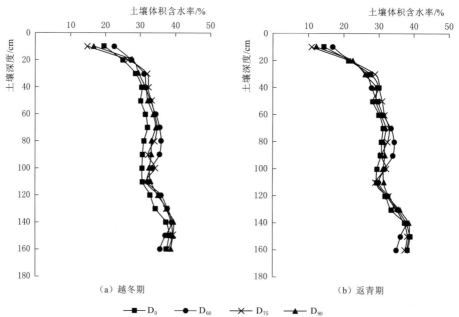

图 4.16（一） 2014—2015 年各生育期不同处理下冬小麦根区
土壤体积含水率垂向分布

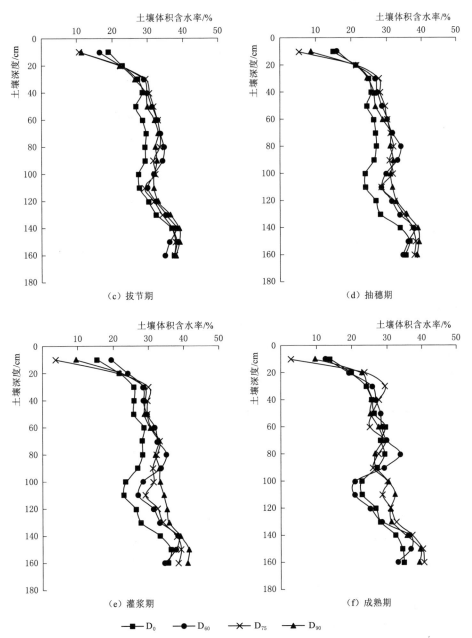

图 4.16（二）　2014—2015 年各生育期不同处理下冬小麦根区
土壤体积含水率垂向分布

进一步分析图 4.16（c）可知，在冬小麦拔节期，不同灌溉深度方式 D_{60}、
D_{75} 和 D_{90} 处理下的冬小麦根区各深度的土壤含水率分布状况开始出现差异。在
$20\sim70cm$ 土层，D_{60}、D_{75} 和 D_{90} 处理的灌溉深度分别为 72cm、90cm 和 108cm，

故在 70cm 以上土层为相同灌水层，含水率值较为接近，而在 70cm 以下土层中，处理 D_{60} 的土壤含水率明显小于处理 D_{75}、D_{90}。在 90～110cm 深度范围内，土壤含水率值由大到小为 $D_{90}>D_{75}>D_{60}$，在 120cm 以下的土层中，三个处理的土壤含水率值无显著差异。这是由于 D_{75}、D_{90} 在 90～110cm 土层进行了灌水，导致在拔节期该范围内的土壤水分含量高于 D_{60}；而在 90～120cm，D_{90} 的含水率最大，120cm 以下各处理均未灌水，所以三个处理含水率差异不显著。

由图 4.16（d）和（e）可知，在冬小麦抽穗期和灌浆期，不同处理间的土壤含水率差异更为明显。在 0～20cm 土层中，D_{60}、D_{75}、D_{90} 处理的表层含水率依次下降，这是由于深层灌水方式，随着冬小麦生育期的推进，根系入土深度逐渐增大，灌溉深度增大使得表层灌水量依次减小，导致土壤含水率依次降低。而在 0～20cm 以下土层 D_0 整体含水率水平低于深层灌溉处理。同时，由于 D_{60}、D_{75}、D_{90} 计划灌溉深度达到 110cm 以下，但灌水总量相同，计划灌溉深度越深，上层总灌水量越小，不同灌水处理在 110cm 处土壤含水率出现了较大差异，在 20～110cm 深度范围内，处理 D_{60}、D_{75} 的含水率高于 D_{90}，而在 110～160cm 土层深度，处理 D_{60} 和 D_{75} 的土壤含水率低于 D_{90}。

在图 4.16（f）中，虽然在成熟期各处理均没有进行灌水，但不同处理间的土壤含水率仍存在明显差异。在 20～80cm 处土层范围内，由于成熟期由生殖生长快速向营养生长转变，使得表层根系衰老加快，导致该土壤范围内的土壤含水率差异不大；80cm 以下 D_0、D_{60} 土壤含水率明显开始下降，并低于处理 D_{75}、D_{90}，这是由于前期 D_0、D_{60} 处理的灌溉深度相对较浅，而深层根系吸水导致深层土壤含水率下降较快。

图 4.17 为 2015—2016 年不同处理条件下各生育期冬小麦土壤含水率垂向分布。由图可以看出，随着土层深度的增加，各处理下的土壤含水率呈现出先增大后减小，又增大再减小的"双峰"趋势。具体表现为：在 0～50cm，土壤含水率随着土层深度的增加逐渐增大，并且在 50cm 附近达到第一个峰值，之后土壤含水率随着土层深度的增加逐渐减小，在 100cm 附近达到第一个谷值，之后随着土层深度的增加，土壤含水率又逐渐增大，在 200cm 附近达到第二个峰值，随后随着土层深度的增加，土壤含水率呈现出波动中缓慢增大的趋势。

对比各生育期的土壤含水率分布图可以得出，在土层深度 0～100cm 范围，灌溉深度为地面灌溉处理（D_0）的土壤含水率明显高于其他各灌水处理，并且随着灌溉深度的增加，其土壤含水量在减小。图 4.17（a）拔节期，不同深度灌水处理 D_{40}、D_{60}、D_{75} 和 D_{90} 冬小麦根区土壤含水率分布状况出现差异，当土层深度大于 90cm 时，处理 D_{90} 对应的土壤含水率均高于其他各灌水处理的土壤含水率，并且随着灌溉深度的增加，土壤含水率呈增大趋势。

图 4.17（b）为不同处理下抽穗期土壤含水率变化情况。在该冬小麦生育期

内，不同深度灌水处理 D_{40}、D_{60}、D_{75} 和 D_{90} 的根区土壤含水率分布差异更加明显，当土层深度大于120cm时，处理 D_{90} 对应的土壤含水率高于其他各灌水处理的土壤含水率，且随着灌溉深度的增加，土壤含水率呈增大趋势。

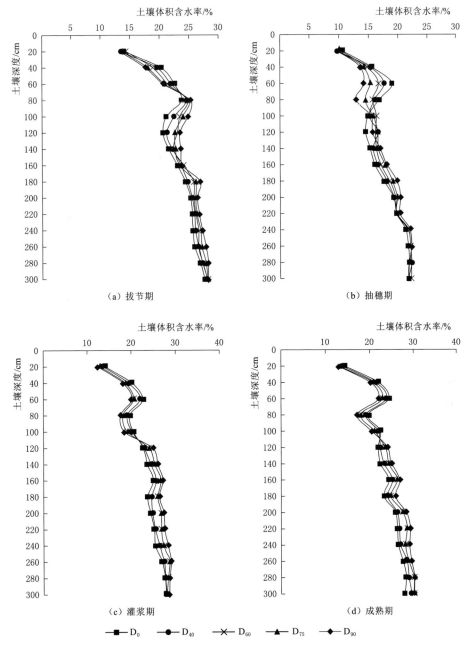

图 4.17 2015—2016 年不同处理条件下各生育期土壤含水率垂向分布

在灌浆期〔图 4.17（c）〕，当土层深度大于 120cm 时，处理 D_{90} 对应的土壤含水率高于其他各灌水处理的土壤含水率，且随着灌溉深度的增加，对应土层的土壤含水率越大；图 4.17（d）成熟期，当土层深度大于 140cm 时，处理 D_{90} 对应的土壤含水率高于其他各灌水处理的土壤含水率，并且随着灌溉深度的增加，土壤含水率在增大。这是由于本书试验灌水方案考虑了灌溉深度随生育期的不同而变化，随着冬小麦根系的生长，灌溉深度随着生育期在增大而引起的。这表明试验中适当加深灌溉深度的方式可以在一定程度上起到保持土壤水的作用，有益于作物的生长。并且由图 4.17 可以看出，在各不同灌水处理中，最底层的土壤含水率都明显高于上层土壤，这主要是因为试验采用的是封闭土柱，底层土壤有集聚上层土壤水的作用而致。

综合图 4.16 和图 4.17 可以得出，不同灌溉深度下各生育期冬小麦土壤含水率的垂向分布受试验期间两年度的气象条件和灌水差异等因素的影响，含水率大小有所变化，但土壤含水率的垂向分布趋势是一致的。在冬小麦生长的重要时期（拔节期、抽穗期、灌浆期和成熟期），在 0～160cm 处，土壤含水率随着土层深度的增加呈现出先增大（在 40～60cm 时出现峰值），之后逐渐减小（在 100～120cm 时出现谷值），随后再逐渐增大（在 160cm 处达最大值）的趋势。并且，在较浅土层处，随着灌溉深度的增加，土壤含水率在减小，而在较深土层处，随着灌溉深度的增加，对应土壤含水率在增大。这是由于各处理虽灌水总量相同，而灌溉深度不同引起的。

4.3.2.2　不同处理下各土层土壤含水率分布特征

土壤水分的动态变化规律是在一定条件下土壤水分动态平衡的结果，直接影响着作物根系的生长发育状况和产量的形成。在灌水总量相同、灌溉深度不同的条件下，土壤剖面的各土层土壤含水率分布显然不同。

2014—2015 试验年中所用含水率测管的最深为 0～160cm，根据土壤剖面自上而下的分层情况将 0～160cm 的土层分成四层来分析，即 0～20cm、20～50cm、50～90cm、90～160cm；而 2015—2016 试验年采用的土壤含水率测管深度为 0～3m，根据土壤剖面将土层自上而下分为 6 层来分析，即 0～20cm、20～50cm、50～90cm、90～160cm、160～210cm 以及 210～300cm。鉴于试验田当地的地下水位大于 5m，因此在分析补给水源时忽略深层地下水的补给，通过监测两年内冬小麦整个生育期根区不同深度土壤含水率的动态变化，分析根区土壤水分运动状况与分布规律，进而探讨两年度吸水根系对不同土层深度水分的吸收情况。

图 4.18 为 2015 试验年不同处理条件下各土层土壤含水率动态变化。由图 4.18（a）可知，各处理 0～20cm 范围内的土壤体积含水率随时间变化的波动比较大，3 月 14 日至 4 月 12 日这段时间含水率增加，主要是因为在该段时期有灌

水处理，并且有连续降雨发生；4 月 12 日至 4 月 28 日含水率逐渐减小，是因为这段时间气温升高，地表蒸发量比较大，而有效降雨量仅有三次，且降雨历时短、时间分散，其间最大的一次降雨量仅为 12.4mm，对表土层水分不能形成有效补给；4 月 28 日至 5 月 5 日土壤含水量逐渐增大是由于降雨比较集中，且降

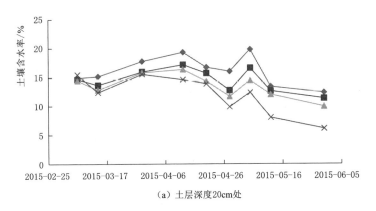

（a）土层深度20cm处

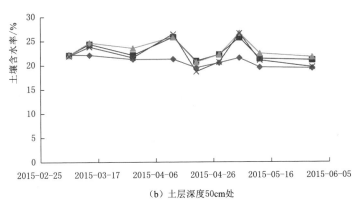

（b）土层深度50cm处

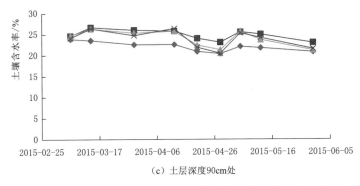

（c）土层深度90cm处

图 4.18（一）　2015 试验年不同处理条件下各土层土壤含水率动态变化

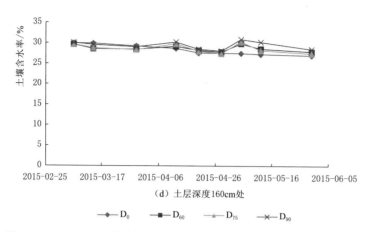

（d）土层深度160cm处

◆ D_0　■ D_{60}　✳ D_{75}　✖ D_{90}

图 4.18（二）　2015 试验年不同处理条件下各土层土壤含水率动态变化

雨量较大；5 月 5 日至 5 月 30 日含水量逐渐减小同样是由于天气气温升高，蒸发量增大，且期间降雨较少的缘故。

由图 4.18（b）可以看出，20～50cm 范围内的土壤水分在生育期呈"三峰"变化的趋势，但是地面灌溉处理（D_0）没有深层灌溉处理的变化趋势明显。峰值出现的原因主要是在因为各生育期进行了灌水。第一个峰值较小是因为返青期的灌水日期是 3 月 8 日，而测定日期为 3 月 14 日，土壤含水率已经过数日消耗的缘故。该层土壤含水率的谷值出现在 4 月 20 日，比表土层的谷值（4 月 28日）提前了一周，这是因为降雨入渗使 20～50cm 土层的含水率增大，而蒸发对该土层的影响却没有表土层大。

由图 4.18（c）可以看出，50～90cm 范围内的土壤水分在生育期依然呈"三峰"变化的趋势，D_0 处理的峰值、谷值均不明显。峰值出现的原因主要是因为生育期灌水。三个峰值的变幅大小相差不大。谷值分别出现在 3 月 29 日和 4月 29 日，第二个谷值出现的日期比 20～50cm 迟一周，是因为降雨和蒸发对该土层的影响都很小，其值的变化主要是由植株耗水引起。

由图 4.18（d）可知，整个生育期，深层灌 130～160cm 范围内的土壤水分依然呈双峰变化，而地面灌呈先逐渐减小而后稳定的变化状态。

图 4.19 为 2015—2016 试验年不同处理条件下冬小麦各土层土壤含水率动态变化。

由图 4.19（a）可以看出，在整个生育期内 0～20cm 土层范围内的土壤含水率波动较大，但总体呈下降的趋势，而在 3 月 19 日以及 4 月 20 日出现的不同处理土壤含水率均有所增加的现象，是由于在该时刻分别进行了拔节期灌水和抽穗期灌水。在整个生育期内，对比不同灌水方式下的表层土壤含水率曲线可以看出，在冬小麦返青期之前，各处理的土壤表层土壤含水率差异性不大，这是

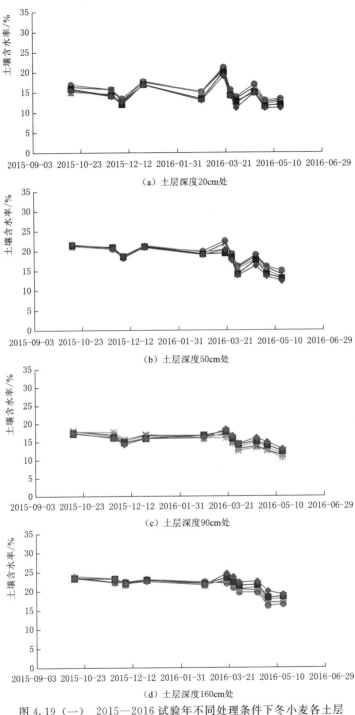

（a）土层深度20cm处

（b）土层深度50cm处

（c）土层深度90cm处

（d）土层深度160cm处

图 4.19（一） 2015—2016 试验年不同处理条件下冬小麦各土层
土壤含水率动态变化

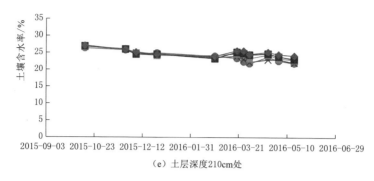

（e）土层深度210cm处

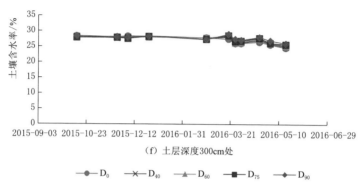

（f）土层深度300cm处

$$\text{—} D_0 \quad \text{—} D_{40} \quad \text{—} D_{60} \quad \text{—} D_{75} \quad \text{—} D_{90}$$

图 4.19（二） 2015—2016 试验年不同处理条件下冬小麦各土层
土壤含水率动态变化

因为在该时期各处理灌溉深度保持一致，处理间无差异而致；而当冬小麦在拔节期之后，各处理之间有了灌溉深度的差异之后，可以看出：地面灌溉处理 D_0 的土壤表层含水率最大，灌溉深度为根深 40％处的土壤表层含水率次之，随着灌溉深度的增加，土壤表层含水率在减小。

由图 4.19（b）、（c）、（d）可以看出，在 20～50cm、50～90cm 以及 90～160cm 的土层范围内，各灌溉深度条件下的土壤含水率曲线大致相同，都呈现出总体下降，并且当灌水后，各处理下的土壤含水率均有上升趋势，说明灌水对该层产生影响，但较之土壤表层（0～20cm）为小，并且随着土层深度的增加，该影响越来越小。由图 4.19（b）可以看出，在冬小麦返青期之前，各处理的土壤表层土壤含水率差异性不大，而在返青期之后，地面灌溉处理 D_0 的土壤表层含水率最大，随着灌溉深度的增加，土壤表层含水率在减小。由图 4.19（c）可以看出，在返青期之后，对比不同灌溉深度下的 50～90cm 土壤含水率曲线可以看出，不同灌溉深度处理的土壤在该层的含水率没有呈现出特别明显的规律，但可以明显看出，灌溉深度为根深 90％处理（D_{90}）的土壤含水率在该层最大。由图 4.19（d）可以看出，在返青期之后，对比不同灌水方式下的 90～160cm

土壤含水率曲线可以看出，灌水深度为根深 90％处理（D_{90}）的含水率最高，地面灌溉处理的含水率最小，随着灌溉深度的增加，土壤含水率在增大。

由图 4.19（e）可以得出，在 160～210cm 的范围内，不同灌溉深度处理土壤含水率变化在整个生育期都较小，处理 D_{90} 的土壤含水率值最大，并且随着灌溉深度的减小，土壤含水率在减小。

由图 4.19（f）表明，土壤含水率分布曲线大致相同，且都有微微上升的趋势，这是因为在试验中采用的是底部封闭的土柱，土壤具有导水性，随着生育期的推进，底部集聚的水分越来越多，从而呈现出缓慢上升趋势；在整个生育期内，对比不同灌水方式下的 210～300cm 土壤含水率曲线可以看出，处理 D_{90} 的土壤含水率最大，随着灌溉深度的减小，土壤含水率在减小。

结合上述图 4.18 和图 4.19 可知，不同灌溉深度条件下，在冬小麦根区 0～20cm 土层范围内，各处理的土壤含水率波动均较大。但随灌溉深度增加，表层土壤含水率呈减小趋势。在深层灌溉条件下，冬小麦根区 20～160cm 各土层土壤水分动态变化幅度均较明显，灌溉深度越大土壤水分动态波动越明显。

对冬小麦生育期各土层土壤含水率进行显著性分析，结果见表 4.9 和表 4.10。

表 4.9 冬小麦生育期各土层土壤含水率变化(％)

土层/cm	处理	返青期	拔节期	抽穗期	灌浆期	成熟期
0～20	D_0	15.585a	16.441a	14.250a	18.659a	13.168a
	D_{60}	13.499b	15.239b	12.707b	15.150b	12.556b
	D_{75}	13.629b	13.831c	11.502bc	14.102b	12.376b
	D_{90}	12.819c	12.198c	10.729c	12.572c	10.807c
20～50	D_0	22.014a	21.658c	19.703c	20.429c	19.978b
	D_{60}	22.567a	23.700a	22.761a	22.822a	21.123a
	D_{75}	22.603a	24.051a	21.394ab	22.533a	21.754a
	D_{90}	22.102a	22.579b	20.474b	21.864b	19.673b
50～90	D_0	24.178b	23.024c	21.059c	22.149c	22.435b
	D_{60}	25.209a	26.628a	25.433a	26.263a	23.854a
	D_{75}	25.175a	25.916b	24.446b	25.163b	21.270c
	D_{90}	24.787ab	25.594b	24.269b	25.355b	21.607c
90～130	D_0	24.560b	23.267c	20.335c	19.879c	19.765b
	D_{60}	25.578a	25.510b	25.418a	25.744a	18.793c
	D_{75}	25.271a	25.241b	25.108a	25.099a	18.128c
	D_{90}	25.897a	25.165b	24.924b	24.324b	20.664a

续表

土层/cm	处理	返青期	拔节期	抽穗期	灌浆期	成熟期
130~160	D_0	30.155a	30.576a	28.887b	28.668c	27.767c
	D_{60}	29.631b	28.621c	29.636a	30.150a	28.002b
	D_{75}	29.667b	29.568b	29.940a	29.460b	29.036a
	D_{90}	29.467b	29.352b	29.730a	29.963ab	29.193a

注　生育期计算时间段（返青期：2月15日至3月15日；拔节期：3月16日至4月15日；抽穗期：4月16—30日；灌浆期：5月1—15日；成熟期：5月16—30日），表内数据为平均值，每行数据右侧字母相同者表示差异未达极显著水平（$P>0.01$）；字母不同者表示差异达极显著水平（$P<0.01$）；下表同。

表 4.10　　　　冬小麦根区各土层土壤含水率随生育期的变化（%）

土层/cm	处理	返青期	拔节期	抽穗期	灌浆期	成熟期
0~20	D_0	14.18a	15.42a	15.81a	16.57a	15.81a
	D_{40}	14.67a	15.06a	14.18b	15.86b	15.54a
	D_{60}	13.29b	14.29b	13.49bc	15.06b	14.45b
	D_{75}	13.99b	14.01b	13.35bc	14.84c	13.35c
	D_{90}	13.01c	12.43c	12.16c	13.93d	12.25d
20~50	D_0	22.47a	24.47a	24.16a	21.63a	24.85a
	D_{40}	21.83ab	22.86b	23.30b	20.05b	23.30ab
	D_{60}	20.35b	21.35c	22.09bc	17.86c	20.57b
	D_{75}	19.40c	21.40c	20.12c	17.62c	18.34c
	D_{90}	19.29c	21.67c	18.77e	16.20d	18.59c
50~90	D_0	21.53ab	18.12b	20.69a	17.41a	18.88b
	D_{40}	20.83b	20.46a	18.02b	16.57ab	20.02a
	D_{60}	20.73b	18.42b	19.62ab	17.64a	16.46c
	D_{75}	19.98c	19.87a	15.81c	16.47ab	19.50ab
	D_{90}	22.46a	18.75b	16.43bc	14.96b	19.57ab
90~160	D_0	22.00c	21.00c	17.22d	18.07b	19.15d
	D_{40}	22.36c	21.62c	18.07c	18.56b	20.87c
	D_{60}	23.97b	22.97b	18.75c	21.12ab	21.86b
	D_{75}	24.80a	23.36a	19.13b	21.74ab	23.15a
	D_{90}	24.60a	23.89a	20.62a	22.06a	23.71a

土层/cm	处理	返青期	拔节期	抽穗期	灌浆期	成熟期
160~210	D_0	24.48b	25.48c	22.23e	21.23e	23.73d
	D_{40}	24.75b	26.99bc	25.37d	22.17d	24.37c
	D_{60}	24.90b	27.03b	26.15c	23.34c	24.53c
	D_{75}	26.29a	27.29b	27.15b	24.80b	25.88b
	D_{90}	26.38a	28.67a	28.94a	26.47a	26.80a
210~300	D_0	25.03d	27.65d	24.68e	26.10d	26.46d
	D_{40}	25.05d	28.59c	26.90c	26.90d	26.90d
	D_{60}	26.86c	28.95c	27.42c	27.45c	27.05c
	D_{75}	27.50b	30.85b	28.71b	28.91b	28.30b
	D_{90}	29.51a	31.15a	30.55a	29.65a	29.27a

注　生育期计算时间段（返青期：2月15日至3月15日；拔节期：3月16日至4月15日；抽穗期：4月16—30日；灌浆期：5月1—5月15日；成熟期：5月16—30日）

从表 4.9 中可以看出，除返青期以外，其他生育期深层灌溉处理与表层灌溉处理差异显著。0~20cm 土层，处理 D_0 各生育期的土壤含水率均大于其他处理，且土壤含水率由大到小为处理 $D_0 > D_{60} > D_{75} > D_{90}$，而 20cm 以下土层，处理 D_0 的土壤含水率均低于其他处理，这是因为本试验采用的灌水方式，在总灌水量一定的前提下，处理 D_0 为地面灌溉方式，水分由表层入渗；而处理 D_{60}、D_{75}、D_{90} 为结合含水率和根系生长的根区灌溉方式，总灌水量一定，相应表层灌水量较少，灌溉深度越大，相应的表层水分越小，但 20cm 以下土层中土壤含水率会较大。从返青—拔节期—抽穗期，在冬小麦根区 20cm 以下土层，处理 D_{60}、D_{75}、D_{90} 与处理 D_0 的土壤含水率分布差异逐渐增大，这是由于随生育期推进，根深逐渐增大，灌水到达深度增大，下层含水率较大；至灌浆期，由于冬小麦表层根系开始衰老，下层根系的吸水作用逐渐增强使得处理 D_{60}、D_{75}、D_{90} 与处理 D_0 的下层土壤含水率分布差异进一步增大；冬小麦灌浆期至成熟期的下层土壤中，处理 D_{60}、D_{75}、D_{90} 与处理 D_0 土壤含水率分布差异缩小，这是由于 4 个处理在成熟期均未进行灌水，深层灌水的诱导下，下层根系量较大，有利于进一步吸水，处理 D_0 的下层根量较少，吸水量较少，而处理 D_{60}、D_{75}、D_{90} 的下层根系量较大，吸水量会增大。

表 4.10 为冬小麦根区各土层土壤含水率随生育期的变化。从表中可以看出，除返青期以外，其他生育期不同灌溉深度处理与地面灌溉处理的差异显著。0~50cm 土层，各生育期处理 D_0 的土壤含水率大于其他处理，且土壤含水率由大到小为处理 $D_0 > D_{40} > D_{60} > D_{75} > D_{90}$；50~90cm 土层，各生育期各处理的土壤含水率没有呈现出特别明显的规律，而 90cm 以下土层，处理 D_0 的土壤含水

率均明显低于深层灌溉的其他处理。

从冬小麦的生育阶段来看，在返青—拔节期—抽穗期，在冬小麦根区 20cm 以下土层，处理 D_{40}、D_{60}、D_{75}、D_{90} 与处理 D_0 的土壤含水率分布的差异逐渐增大。这是由于随生育期推进，冬小麦根长逐渐增大，随着灌溉深度的增大，下层含水率差异越大；至灌浆期，由于冬小麦表层根系开始衰老，下层根系的吸水作用逐渐增强，使得深层灌溉处理 D_{40}、D_{60}、D_{75}、D_{90} 与地面灌溉处理 D_0 的下层土壤含水率分布差异进一步增大；冬小麦灌浆期至成熟期的下层土壤中，处理 D_{40}、D_{60}、D_{75}、D_{90} 与处理 D_0 土壤含水率分布差异缩小，这是由于 4 个处理在成熟期均未进行灌水，深层灌水的诱导下，下层根系量较大的有利于进一步吸水，处理 D_0 的下层根量较少，吸水量较少，而处理 D_{40}、D_{60}、D_{75}、D_{90} 的下层根系量较大，吸水量会增大。

结合表 4.9 和表 4.10 可知，在不同灌溉深度条件下，各生育期深层灌水不同处理间差异明显，相比地面灌溉方式，灌水总量不变，结合根系分布和土壤含水率变化的深度灌水方式，能够诱导冬小麦根系下扎，显著提高根系对深层土壤水分的吸收。从表中可以看出，灌溉深度为根深 60% 和灌溉深度为根深 75% 的处理对深层土壤水的吸收效果较好。

4.3.3 不同灌溉深度下冬小麦根系生长变化

根系是冬小麦吸收土壤水分的重要器官，其生长分布状况直接影响着冬小麦的根系吸水深度。大量研究表明，采取合理的水分调控措施，能促进冬小麦根系下扎和深层根系的生长分布，对于提高冬小麦的抗旱能力和产量具有十分重要的意义（马青荣等，2020；沈玉芳等，2018；）。根系具有向水性，其向水性与光照、激素分泌、根功能以及环境水分相关，但植物地下部生长的竞争机制又会使得根系的向水性更为复杂，相关研究认为植物根系对空间占有的生长策略较对资源的吸收利用更为优先（Cahill 等，2010）。因此，改变灌溉深度所造成的剖面水分差异，其能否通过对根系分布的改变，最终影响根系的吸水深度，需对比分析不同灌溉深度下根系下扎深度、根总干重和根系活力等表征根系生长变化的影响。

4.3.3.1 不同灌溉深度对冬小麦根系下扎深度的影响

土壤剖面水分分布不同将影响根系的生长与分布。作物根系下扎较深，有利于吸收深层土壤水分，提高其抗旱性，并有利于防止后期倒伏，因此作物根系的下扎深度常作为衡量其抗旱性的指标之一。不同年份不同处理下冬小麦各生育期的平均最大根长见表 4.11 和表 4.12。与处理 D_0 相比，考虑根系分布深度的深层灌溉对冬小麦拔节期后根系的下扎深度的影响见表 4.13。

表 4.11　　2014—2015 年不同处理下冬小麦各生育期的平均最大根长

生育期	平均最大根长 /cm			
	D_0	D_{60}	D_{75}	D_{90}
越冬期	70			
返青期	120			
拔节期	178.3c	192.2b	197.5a	200.1a
抽穗期	219.8c	250.1b	250.4b	258.3a
灌浆期	225.3c	252.1b	255.7b	265.9a
成熟期	227.8d	255.2c	258.3b	265.1a

注　表内数据为平均值；每行数据右侧字母相同者表示差异未达极显著水平（$P>0.01$）；字母不同者表示差异达极显著水平（$P<0.01$）。

表 4.12　　2015—2016 年不同处理冬小麦各生育期的平均最大根长

生育期	平均最大根长 /cm				
	D_0	D_{40}	D_{60}	D_{75}	D_{90}
越冬期	80				
返青期	120				
拔节期	172c	193b	199b	211b	227a
抽穗期	207c	231b	252a	253a	259a
灌浆期	211d	236c	255b	260b	278a
成熟期	220d	246c	266b	280a	282a

表 4.13　　与处理 D_0 相比深层灌溉下冬小麦的平均最大根长增量

年　份	生育期	平均最大根长增量/cm		
		D_{60}	D_{75}	D_{90}
2014—2015	拔节期	13.9b	19.2a	21.8a
	抽穗期	30.3b	30.6b	38.5a
	灌浆期	26.8b	30.4b	40.6a
	成熟期	27.4c	30.5b	37.3a

年　份	生育期	平均最大根长增量/cm			
		D_{40}	D_{60}	D_{75}	D_{90}
2015—2016	拔节期	21b	27b	39b	55a
	抽穗期	24b	45a	46a	52a
	灌浆期	25c	44b	49b	67a
	成熟期	26c	46b	60a	62a

从表 4.11～表 4.13 中可知，在 2014—2015 年及 2015—2016 年，冬小麦拔节期后由于不同程度的灌溉深度增加，使得各处理的根系下扎深度均明显大于处理 D_0。随着冬小麦的生育进程，与处理 D_0 相比深层灌溉下冬小麦的平均最大根长增量不断增加，至成熟期，2014—2015 年处理 D_{60}、D_{75}、D_{90} 的平均最大根长比处理 D_0 长 27～37cm，2015—2016 年处理 D_{40}、D_{60}、D_{75}、D_{90} 的平均最大根长比处理 D_0 长 26～62cm，并利用显著性分析得出，各处理间的根系深度差异达极显著水平。可见，考虑根系分布深度的深层灌溉方式促进了根系向下生长，诱导根系下扎效应明显。对于深层灌溉下的各处理之间，2014—2015 年同一时期根系下扎深度顺序为 $D_{60} < D_{75} < D_{90}$，2015—2016 年其顺序为 $D_{40} < D_{60} < D_{75} < D_{90}$，表明灌溉深度越大，冬小麦根系的下扎深度越大。从两年的数据可知，各处理的平均最大根长生长速度在冬小麦的拔节期—抽穗期最大，自冬小麦抽穗期后平均最大根长生长速度基本稳定。

4.3.3.2 水分调控对冬小麦根长的影响

1. 总根长

不同处理下冬小麦各生育期的总根长见表 4.14。从表 4.14 中可知，2014—2015 年和 2015—2016 试验年不同处理下冬小麦各生育期的总根长，随着生育期的进程均呈先增加后减少的变化规律，各处理的总根长一般在抽穗期或灌浆期达最大值，至成熟期总根长值减少，表明灌浆—成熟期衰亡的根长要多于新生的根长。与处理 D_0 相比，深层灌溉下各处理冬小麦的总根长均明显增加，差异达极显著水平。在拔节-抽穗期，2014—2015 年深层灌溉处理冬小麦的总根长大小顺序为 $D_{60} < D_{75} < D_{90}$，而在抽穗期后，其大小顺序为 D_{75}、$D_{60} > D_{90}$。2015—2016 年在拔节期-抽穗期，总根长大小顺序为 $D_{40} < D_{60} < D_{75} < D_{90}$，在抽穗期之后，其大小顺序基本为 D_{60}、$D_{75} > D_{90} > D_{40}$。综合上述分析可知，灌水总量不变，改变灌溉方式的深层灌溉处理 D_{75} 和 D_{60} 对冬小麦整个生育期内总根长的促进作用更明显；处理 D_{40} 对冬小麦整个生育期内总根长的促进作用明显，但不如处理 D_{60}、D_{75} 的显著；处理 D_{90}、D_{90} 对总根长的影响在小麦抽穗期前最大，但在小麦生育后期（灌浆期、成熟期）促进作用降低。这表明在冬小麦生育后期，并不是灌溉深度越大根系生长越好，灌溉深度过大反而会对根系的生长产生不利影响，使得总根长降低。

进一步分析，与处理 D_0 相比，深层灌溉下冬小麦各生育期总根长增量见表 4.15。从表中可知，相对地面灌溉，各生育期处理 D_{40} 总根长相对增量为 3%～23%；处理 D_{60} 总根长相对增量为 5%～33%，处理 D_{75} 总根长相对增量为 7%～38%；处理 D_{90} 总根长相对增量为 8%～32%。整体表现为，灌溉总水量一致，随着灌溉深度的增加，总根长相对增量变化范围较大。从各生育阶段的相对增量来看，在冬小麦生育后期，适宜灌溉深度（D_{60} 及 D_{75}）比较浅（D_{40}）和过深

（D_{90}）的灌溉深层对冬小麦总根长增量的影响大，促进了根的生长，有利于提高根系吸水能力。

表 4.14   不同处理下冬小麦各生育期的总根长

年 份	生育期	总 根 长/cm			
		D_0	D_{60}	D_{75}	D_{90}
2014—2015	越冬期	7376.15			
	返青期	34523.14			
	拔节期	92779.09c	97620.68b	99651.08a	100163.81a
	抽穗期	115230.84d	127077.74c	132110.15b	135586.81a
	灌浆期	98174.83c	111248.41a	112768.93a	106669.32b
	成熟期	83355.49d	101148.76b	107549.90a	92901.55c

年 份	生育期	总 根 长/cm				
		D_0	D_{40}	D_{60}	D_{75}	D_{90}
2015—2016	越冬期	13415.62				
	返青期	69760.39				
	拔节期	226844.276c	233686.1b	259401.8a	265450.2a	272474.4a
	抽穗期	331763.062c	346164b	381732.4a	399964.9a	411212.3a
	灌浆期	219453.194c	260120.3b	286036.4a	289127.8a	279865b
	成熟期	197467.158c	242165.8b	262322.8a	271433.1a	259519.8b

注   2014—2015 年生长柱定苗 3 株，2015—2016 年生长柱定苗 12 株。

表 4.15   与处理 D_0 相比深层灌溉下冬小麦各生育期总根长增量

年 份	生育期	总根长相对增量/%		
		D_{60}	D_{75}	D_{90}
2014—2015	拔节期	5.22	7.41	7.96
	抽穗期	10.28	14.65	17.67
	灌浆期	13.32	14.87	8.65
	成熟期	21.35	29.03	11.45

年 份	生育期	总根长相对增量/%			
		D_{40}	D_{60}	D_{75}	D_{90}
2015—2016	拔节期	3.02	14.35	17.02	20.12
	抽穗期	4.34	15.06	20.56	23.95
	灌浆期	18.53	30.34	31.75	27.53
	成熟期	22.64	32.84	37.46	31.42

在拔节—成熟期，不同处理冬小麦的上层（0～30cm）、下层（30cm 以下）土壤中根长所占总根长的百分比情况见表 4.16。

表 4.16　　　　不同处理冬小麦各生育期分层根长所占百分比情况

年　份	生育期	土层/cm	分层根长占总根长的百分比/%				
			D_0	D_{60}	D_{75}	D_{90}	
2014—2015	拔节期	0～30	70.56	60.65	57.84	54.16	
		30～200	29.44	39.35	42.16	45.84	
	抽穗期	0～30	66.99	55.92	51.44	48.33	
		30～260	33.01	44.08	48.56	51.67	
	灌浆期	0～30	62.41	52.13	46.39	41.46	
		30～260	37.59	47.87	51.61	59.54	
	成熟期	0～30	59.62	49.11	44.29	37.94	
		30～270	40.38	51.19	55.71	62.06	
年　份	生育期	土层/cm	分层根长占总根长的百分比/%				
			D_0	D_{40}	D_{60}	D_{75}	D_{90}
2015—2016	拔节期	0～30	56.78	52.89	56.69	50.45	48.47
		30～220	43.22	47.11	43.31	49.55	51.53
	抽穗期	0～30	37.57	35.77	34.29	33.93	34.19
		30～260	62.43	64.23	65.71	66.07	65.81
	灌浆期	0～30	35.05	31.13	28.86	29.93	31.81
		30～280	64.95	68.87	71.14	70.07	68.19
	成熟期	0～30	39.66	37.82	34.26	33.71	33.49
		30～280	60.34	62.18	65.74	66.29	66.51

从表 4.16 中可知，2014—2015 年地面灌溉方式（D_0）下冬小麦各生育期内 0～30cm 表层根系所占比例均在 59% 以上，而深层灌溉处理 D_{60}、D_{75} 和 D_{90} 表层根系所占比例，随着生育期进程逐渐降低，在拔节—成熟期，D_{90} 表层根系所占比例降幅相对较大，由 54.16% 降为 37.94%，而 30cm 以下土层根系所占比例却明显增加了约 17%。在 2015—2016 年冬小麦各生育期，比较地面灌溉方式（D_0）与深层灌溉处理（D_{40}、D_{60}、D_{75}、D_{90}）0～30cm 表层根系所占比例，其差别没有 2014—2015 年明显，这是由于两年度的降雨量空间分布不同，灌溉处理的时间有所不同引起的。2014—2015 年结合土壤含水量状况在冬小麦越冬期进行了不同灌溉处理，2015—2016 年冬小麦越冬期由于试验区降雨量达 113.9mm，为冬小麦生育前期根系生长提供了较适宜的土壤水分条件，也为冬小麦整个生育期的根形结构（即表土层根系所占比例）奠定了基础。2015—

2016 年各处理在返青—拔节期（2016 年 3 月 18 日）内进行灌溉，因此至小麦拔节期（4 月 18 日）各处理间表层根系所占比例差异减小。由此说明水分调控的时间对冬小麦根系生长发育及根形结构具有重要的影响。

从表 4.16 中还可以看出，从拔节—成熟期，地面灌溉处理（D_0）0～30cm 表层根系所占比例始终是最大的，30cm 以下土层根系所占比例一直最小，而对于深层灌水处理则相反，表明了与地面灌溉方式相比，深层灌溉方式对冬小麦根系垂直分布比例有一定影响，下层根系所占比例显著提高。

2014—2015 年和 2015—2016 年深层灌溉所有处理的冬小麦 0～30cm 表层根系所占比例均小于地面灌溉，而下层根系所占比例均高于地面灌溉，结合表 4.14 其总根长规律，即同一生育期深层灌溉下各处理冬小麦的总根长均明显比地面灌溉的大，差异达极显著水平，综合分析得出，深层灌溉方式是通过促进下层根系的生长发育，提高下层根系所占的比例，从而提高整体根长和根量。就深层灌溉处理来讲，处理 D_{60} 和 D_{75} 既可使冬小麦 0～30cm 表层根系生长发育较好，又能促进下层根量明显提高，总根长根量增大。这表明适度的深层灌溉方式能在上层根系发育较好的基础上，促进下层根系的生长发育，从而使得总根长根量增加。

2. **根长密度的时空分布**

不同年份不同处理下冬小麦各生育期的根长密度分布如图 4.20 和图 4.21 所示。

从图 4.20 和图 4.21 中可知，2014—2015 年和 2015—2016 年不同处理下冬小麦的根长密度变化趋势相同，即随着土层深度的增加根长密度逐渐减小。

图 4.20（a）、图 4.21（a）为 2014—2015 年和 2015—2016 年冬小麦越冬

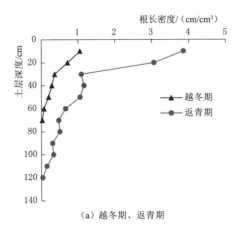

(a) 越冬期、返青期

图 4.20（一） 2014—2015 试验年不同处理下
各生育期的冬小麦根长密度分布

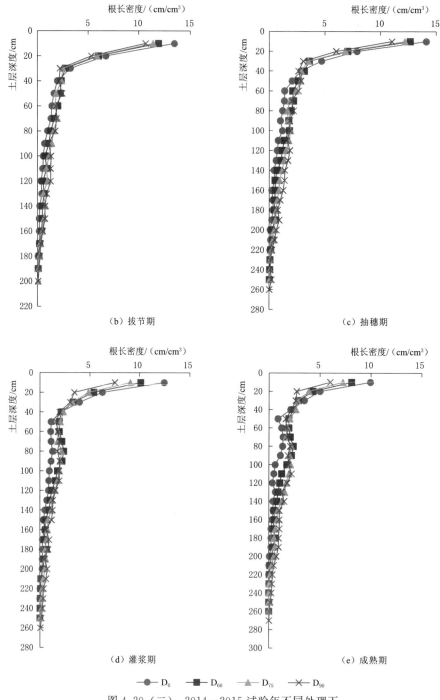

图 4.20 （二） 2014—2015 试验年不同处理下
各生育期的冬小麦根长密度分布

期、返青期的根长密度变化曲线图。由于各处理灌溉方式相同，所以分别取越冬前和返青期各处理根长密度的平均值绘制得到曲线。从图4.20和图4.21可以看出，2014—2015年冬前至返青期，冬小麦的根深从70cm增至120cm，其中0～50cm土层的根长密度值均大于1cm/cm³；2015—2016年根深从80cm增至120cm，其中0～70cm土层的根长密度值均大于1cm/cm³，这主要是由于单土柱的定植密度较上一年度大造成的（王树丽等，2012）。随着生育期的推进，各土层的根长密度逐渐增大。

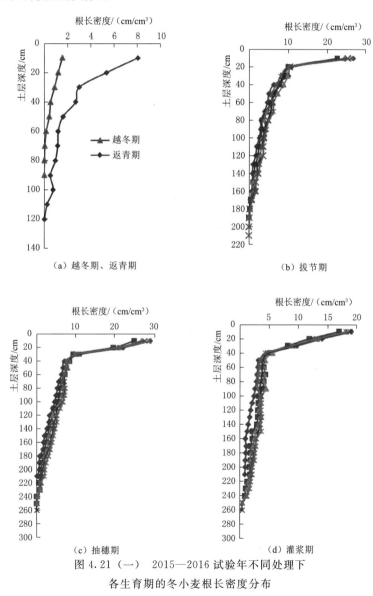

（a）越冬期、返青期

（b）拔节期

（c）抽穗期

（d）灌浆期

图4.21（一）　2015—2016试验年不同处理下

各生育期的冬小麦根长密度分布

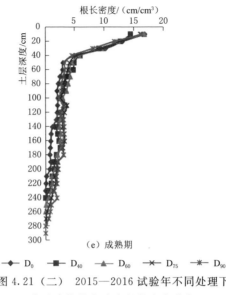

图 4.21（二）　2015—2016 试验年不同处理下
各生育期的冬小麦根长密度分布

图 4.20（b）、（c）、（d）、（e）和图 4.20（b）、（c）、（d）、（e）分别为
2014—2015 年和 2015—2016 年冬小麦拔节期、抽穗期、灌浆期及成熟期的根长
密度变化曲线图。从图中可看出，虽然各处理的根长密度变化总趋势相同，但
其空间分布特性不同，表明了不同深度灌水对冬小麦根长密度的空间分布有一
定的影响。从整体上看，在 2014—2015 年冬小麦各生育期内，在 0～30cm 表层
土壤中，地面灌溉处理 D_0 冬小麦的根长密度均为最大，但在 30cm 以下土层中
其根长密度却最小，说明与地面灌溉方式相比，深层灌溉方式使冬小麦表土层
根系的根长密度有所减少，但却明显提高了下层土壤中的根长密度。在拔节至
成熟期，同一时期深层灌溉方式各处理的根长密度值大于 1cm/cm³ 的土层深度
大小顺序为 $D_{60} < D_{75} < D_{90}$，即灌溉深度越深，对下层根系生长影响越明显，至
小麦成熟期，处理 D_0 根长密度值大于 1cm/cm³ 的土层深度为 0～90cm，处理
D_{60}、D_{75} 和 D_{90} 根长密度值大于 1cm/cm³ 的土层深度分别为 0～120cm，0～
140cm 和 0～170cm，这进一步证明了深层灌溉方式对冬小麦深层根系的生长发
育有显著促进作用，使下层土壤中的根量明显的增加。在 2015—2016 年冬小麦
各生育期内，各处理根长密度变化规律与 2014—2015 年大致相同，但在 0～
30cm 表层土壤中，地面灌溉与深层灌溉方式的根长密度差异在减小。原因是
2015—2016 年冬小麦在越冬期前当地降雨量较多，达 113.9mm，降雨量经入渗
贮存在冬小麦根区，使得根区土壤含水量较大，为冬小麦各处理生育前期根系
的生长均提供了良好的土壤水分条件。由于从小麦播种至返青—拔节期灌溉处
理前，各处理间管理方式相同，自 2016 年 3 月 18 日灌溉处理后，由于各处理灌

溉深度不同，在灌水总量一定的情况下，灌溉深度越深，表层灌水量相对越少，因而出现表层土壤含水量较低、土壤温度较高的土壤环境条件。这些为深层灌溉处理 D_{40}、D_{60}、D_{75} 和 D_{90} 的根长密度增大提供了有利的土壤水热条件。就处理 D_{40}、D_{60}、D_{75} 和 D_{90} 来讲，并非灌溉深度越深，同一时期同一土层冬小麦根长密度越大，但灌溉深度越深，对下层根系生长影响越明显，至小麦成熟期，处理 D_0 根长密度值大于 $1\text{cm}/\text{cm}^3$ 的土层深度为 $0\sim140\text{cm}$，处理 D_{40}、D_{60}、D_{75} 和 D_{90} 根长密度值大于 $1\text{cm}/\text{cm}^3$ 的土层深度分别为 $0\sim220\text{cm}$，$0\sim220\text{cm}$、$0\sim240\text{cm}$ 和 $0\sim250\text{cm}$。

3. 根长密度拟合函数

为了更好地描述冬小麦根系的分布，对 2014—2015 年及 2015—2016 试验年的根长密度数据进行函数拟合，以定量分析不同灌溉深度对冬小麦根系生长的影响。各生育期不同处理冬小麦根长密度拟合函数为

$$\text{RLD}(z)=ae^{-b\times|z-c|} \tag{4.2}$$

式中：$\text{RLD}(z)$ 为冬小麦的根长密度，cm/cm^3；z 为土层深度，cm；a、b、c 为拟合参数，其中 a 表示各生育期冬小麦根长密度的最大值（cm/cm^3），b 表示各生育期冬小麦根长密度随土壤深度的递减速率 $[(\text{cm}/\text{cm}^3)/\text{cm}]$，$c$ 表示各生育期冬小麦最大根长密度所对应的土壤深度（cm）。其拟合值见表 4.17、表 4.18。

表 4.17　　　　2014—2015 年冬小麦各生育期不同处理根长密度拟合值

处理	生育期	拟 合 公 式 参 数			相关系数
		a	b	c	
D_0	越冬期	1.1054	0.0509	11.0037	0.9951
	返青期	3.8531	0.0374	9.9999	0.9728
	拔节期	13.1650	0.0612	9.9999	0.9933
	抽穗期	13.6798	0.0487	9.9999	0.9938
	灌浆期	12.0890	0.0556	9.9999	0.9901
	成熟期	9.4179	0.0475	9.9999	0.9826
D_{60}	越冬期	1.1054	0.0509	11.0037	0.9951
	返青期	3.8531	0.0374	9.9999	0.9728
	拔节期	11.1495	0.0491	9.9999	0.9766
	抽穗期	11.3922	0.0358	9.8100	0.9658
	灌浆期	8.2396	0.0271	9.9997	0.9308
	成熟期	6.1561	0.0192	9.9999	0.9289

处理	生育期	拟 合 公 式 参 数			相关系数
		a	b	c	
D$_{75}$	越冬期	1.1054	0.0509	11.0037	0.9951
	返青期	3.8531	0.0374	9.9999	0.9728
	拔节期	10.6032	0.0479	9.9999	0.9678
	抽穗期	10.6360	0.0328	9.9999	0.9547
	灌浆期	8.4741	0.0207	0.0490	0.9175
	成熟期	5.1798	0.0140	9.9999	0.9102
D$_{90}$	越冬期	1.1054	0.0509	11.0037	0.9951
	返青期	3.8531	0.0374	9.9999	0.9728
	拔节期	9.5228	0.0418	9.9999	0.9480
	抽穗期	8.6372	0.0222	8.9103	0.9128
	灌浆期	4.9668	0.0140	9.9999	0.8714
	成熟期	3.9224	0.0099	9.9998	0.8738

从表 4.17、表 4.18 可以看出，2014—2015 年及 2015—2016 年冬小麦各生育期的根长密度与土壤深度间呈指数函数关系，其相关系数均在 0.8738 以上。从表中可以发现，随着冬小麦生育进程的推进，各处理 a 值呈先增大后减小的变化趋势，一般在拔节期或抽穗期达最大值，表明冬小麦根长密度在拔节期或抽穗期达最大，之后根长密度逐渐降低；b 值总体上随着冬小麦生育进程的推进呈减小趋势，即根长密度随深度的增加而下降的幅度变小，表明了各处理根长密度垂直递减幅度减小。

表 4.18   2015—2016 年冬小麦各生育期不同处理根长密度拟合值

处理	生育期	拟 合 公 式 参 数			相关系数
		a	b	c	
D$_0$	越冬期	1.7216	0.0426	12.4881	0.9928
	返青期	7.9085	0.0417	9.9999	0.9853
	拔节期	26.7101	0.0456	9.6575	0.9802
	抽穗期	28.3821	0.0552	9.9999	0.9299
	灌浆期	18.4138	0.0424	9.9999	0.9398
	成熟期	15.3251	0.0363	9.9999	0.9099
D$_{40}$	越冬期	1.7216	0.0426	12.4881	0.9928
	返青期	7.9085	0.0417	9.9999	0.9853

处理	生育期	拟合公式参数			相关系数
		a	b	c	
D$_{40}$	拔节期	21.1333	0.0345	9.9999	0.9797
	抽穗期	24.0068	0.0145	6.2595	0.9536
	灌浆期	15.9742	0.0396	9.9999	0.9422
	成熟期	13.2529	0.0361	9.9999	0.9180
D$_{60}$	越冬期	1.7216	0.0426	12.4881	0.9928
	返青期	7.9085	0.0417	9.9999	0.9853
	拔节期	22.1927	0.0336	10.9973	0.9890
	抽穗期	26.8922	0.0231	9.9999	0.9469
	灌浆期	17.5555	0.0373	9.9999	0.9587
	成熟期	15.3321	0.0241	9.9981	0.9291
D$_{75}$	越冬期	1.7216	0.0426	12.4881	0.9928
	返青期	7.9085	0.0417	9.9999	0.9853
	拔节期	24.3467	0.0260	10.6463	0.9792
	抽穗期	27.4837	0.0234	9.9999	0.9581
	灌浆期	18.2401	0.0168	9.9999	0.9493
	成熟期	15.7449	0.0201	9.9999	0.9251
D$_{90}$	越冬期	1.7216	0.0426	12.4881	0.9928
	返青期	7.9085	0.0417	9.9999	0.9853
	拔节期	26.1581	0.0298	10.6935	0.9806
	抽穗期	28.0817	0.0233	9.9999	0.9659
	灌浆期	18.1826	0.0307	9.9999	0.9504
	成熟期	15.1351	0.0301	9.9999	0.9630

从表 4.17 和表 4.18 中可知，与地面灌溉处理 D$_0$ 相比较，从拔节至成熟期，同一生育期深层灌溉处理冬小麦根长密度拟合函数 a 值均较小，表明地面灌溉处理 D$_0$ 冬小麦的最大根长密度在整个生育期内均为最大，但 2015—2016 年的各处理间 a 值的差异在逐渐减小，其原因是两年度的降水量空间分布不同，灌溉处理的时间有所不同引起的，前面已阐述，在此不再赘述；表 4.17 中参数 b 值从拔节—成熟期下降的幅度均较大，至成熟期深层灌溉处理 b 值均较小，表明了随着生育期的推后，深层灌溉处理下层根系比例增加，根长密度随深度的增加而下降的幅度变小。表 4.18 中参数 b 值从拔节—成熟期变化趋势与此相同。这些进一步表明了灌水总量不变，考虑灌水计划湿润深度变化的深层灌水方式

下，冬小麦下层根系更为发达，更有利于吸收和利用下层土壤中的水分和养分。

考虑各处理冬小麦根长密度随生育期和土壤深度的变化而变化，建立了根长密度的二因素函数表达式为

$$\text{RLD}(z,t)=ae^{(-b|z-c|)}e^{(-d|t-f|)} \tag{4.3}$$

式中：t 为时间，d；d，f 为拟合参数，其中 d 表示冬小麦根长密度随时间的递减速率 $[(\text{cm/cm}^3)/\text{d}]$，$f$ 表示冬小麦根长密度达最大值时所对应的时间，d。其拟合值见表 4.19。其他符号意义同前。a 表示各生育期冬小麦根长密度的最大值（cm/cm^3），b 表示各生育期冬小麦根长密度随土层深度的递减速率 $[(\text{cm/cm}^3)/\text{cm}]$，$c$ 表示各生育期冬小麦最大根长密度所对应的土层深度（cm）。

从表 4.19 可以看出，冬小麦不同处理根长密度随生育期和土层深度的变化而呈指数函数关系，其相关系数均在 0.8814 以上。从表中可知，2014—2015 年地面灌溉处理 D_0，在土层深度 $z=c=9.54\text{cm}$、冬小麦播种 $t=f=194\text{d}$ 时，冬小麦根长密度达最大值 15.55cm/cm^3。深层灌溉各处理也均在土层深度 10cm 以内、冬小麦播种 192d 左右，冬小麦根长密度达最大值。2015—2016 年地面灌溉处理 D_0，在土层深度 $z=c=9.56\text{cm}$、冬小麦播种 $t=f=206\text{d}$ 时，冬小麦根长密度达最大值 20.98cm/cm^3。深层灌溉各处理也均在土层深度 10cm 以内、冬小麦播种 203d 左右，冬小麦根长密度达最大值。综合 2014—2015 年和 2015—2016 年不同处理根长密度时空分布拟合参数值，还发现随着冬小麦灌溉深度的增加，不同处理根长密度函数参数 b 值总体上呈减小趋势，即根长密度随灌溉深度的增加而下降的幅度变小，表明了深层灌溉根长密度垂直递减幅度减小，即深层灌溉有利于土壤剖面下层根长密度的增加。

表 4.19　　　　　　　　冬小麦不同处理根长密度时空分布拟合值

时 间	处理	拟 合 公 式 参 数					相关系数
		a	b	c	d	f	
2014—2015	D_0	15.55	0.0523	9.54	0.0177	194	0.9806
	D_{60}	13.25	0.0345	6.92	0.0173	193	0.9428
	D_{75}	10.80	0.0296	10.00	0.0174	193	0.9247
	D_{90}	8.78	0.0214	10.00	0.0180	191	0.8814
2015—2016	D_0	20.98	0.0325	9.56	0.0150	206	0.9103
	D_{40}	16.92	0.0206	5.72	0.0134	206	0.9180
	D_{60}	17.73	0.0200	10.00	0.0154	206	0.9140
	D_{75}	19.48	0.0198	6.60	0.0151	203	0.9221
	D_{90}	18.02	0.0202	9.80	0.0165	199	0.9377

4.3.3.3 水分调控对冬小麦根重的影响

总根重是衡量作物根系生长状况及根系发达程度的一项重要指标。不同处理下冬小麦各生育期的总根重见表 4.20，与处理 D_0 相比深层灌溉下冬小麦各生育期总根重相对增量的变化情况见表 4.21。

表 4.20   不同处理下冬小麦各生育期的总根重

时 间	生育期	总 根 重/g			
		D_0	D_{60}	D_{75}	D_{90}
2014—2015	越冬期	1.1877			
	返青期	4.6004			
	拔节期	10.1194c	10.1567b	10.2329a	10.1878a
	抽穗期	12.6129c	13.0518b	13.1688b	13.2504a
	灌浆期	11.3115c	11.9773a	12.2225a	11.6236a
	成熟期	8.9298d	9.9833b	10.2957a	9.1495a

时 间	生育期	总 根 重/g				
		D_0	D_{40}	D_{60}	D_{75}	D_{90}
2015—2016	越冬期	2.50064				
	返青期	10.72128				
	拔节期	15.0821c	17.4050b	18.5914a	18.7853a	19.5710a
	抽穗期	19.2613c	21.9743b	22.7058a	23.0402a	23.2213a
	灌浆期	20.1068c	21.2943b	23.3874a	23.1112a	21.0955b
	成熟期	18.1754c	19.4512b	19.9466b	20.9462a	19.2784b

注   2014—2015 年土柱定苗 3 株，2015—2016 年土柱定苗 12 株。

从表 4.20 中可知，试验年度内不同处理冬小麦各生育期的总根重变化，与各处理冬小麦的总根长的变化趋势一致。即均随着生育期的进程呈先增加后减少的变化规律，各处理的总根重也是在抽穗期或灌浆期达最大值，至成熟期总根重值减少。在 2014—2015 年冬小麦拔节—抽穗期，各处理冬小麦的总根重大小分别为 $D_0 < D_{60} < D_{75} < D_{90}$，在 2015—2016 年冬小麦拔节—抽穗期，各处理总根重大小为 $D_0 < D_{40} < D_{60} < D_{75} < D_{90}$，表明灌溉深度越大，冬小麦总根重越大；在灌浆期和成熟期大小分别为 2014—2015 年处理 D_{60}、$D_{75} > D_{90} > D_0$，2015—2016 年处理 D_{60}、$D_{75} >$ 处理 D_{90}、$D_{40} > D_0$，处理 D_{90} 总根重在生育后期下降较明显同总根长的分析一致，这是由于在生育后期，灌溉深度过大使得上层土壤中灌水量减少，且冬小麦生育后期气温高，蒸发大，表层土壤中水分较少，使得表层根系生长受到一些抑制造成的。

表 4.21   与处理 D_0 相比深层灌溉下冬小麦各生育期总根重增量

时　间	生育期	总 根 重 增 量/%		
		D_{60}	D_{75}	D_{90}
2014—2015	拔节期	0.37	0.73	0.68
	抽穗期	3.48	4.41	5.05
	灌浆期	5.89	8.05	2.76
	成熟期	11.80	15.30	2.46

时　间	生育期	总 根 重 增 量/%			
		D_{40}	D_{60}	D_{75}	D_{90}
2015—2016	拔节期	15.4	23.27	24.55	29.76
	抽穗期	14.09	17.88	19.62	20.56
	灌浆期	5.91	16.32	14.94	4.92
	成熟期	7.02	9.75	15.24	6.07

与处理 D_0 相比,深层灌溉下各处理冬小麦的总根重有不同程度的增加,各处理间差异显著。从表 4.21 可知,2014—2015 年处理 D_{60}、D_{75} 和 D_{90} 总根重相对增量分别为 0.37%~11.80%、1.73%~15.30%、0.68%~2.46%,且从拔节—成熟期,各处理的总根重相对增量逐渐增大,至成熟期其值达最大。2015—2016 年深层灌溉下各处理冬小麦的总根重相对增量,则在拔节期最大,至成熟期其值有不同程度的减小。在拔节期和抽穗期,深层灌溉下各处理的总根重相对增量大小顺序为 $D_{40} < D_{60} < D_{75} < D_{90}$,其变化范围为 14%~30%。对于灌浆期和成熟期而言,不同处理总根重相对增量大小顺序为 D_{60}、$D_{75} > D_{90}$、D_{40},其变化范围为 4%~17%。可见在冬小麦生育后期,灌溉深度过大对根系的生长产生不利影响,使得总根干重降低。

4.3.4   不同灌溉深度下冬小麦根系活力的影响

土壤水分对作物的生长起着至关重要的作用,它直接或间接影响着作物根系的分布与活力(张军等,2014)。根系活力与土壤水分状况是影响根系对某一层土壤水分利用的主要因素。根系活力是植株吸收的综合性指标(Muchow 等,1989),也是根系新陈代谢的指标之一,同时,作物的高产也与根系活力密切相关(肖俊夫等,2007)。国内外学者多结合灌水量与灌水方式,研究干旱胁迫或渍水条件下冬小麦根系活力的变化情况(He 等,2019),而对结合冬小麦根系生长情况进行变化灌溉深度下根系活力影响的研究甚少(Wu 等,2017)。本书探讨不同深度灌水对冬小麦全生育期各层根系活力的影响,以期为提高深层水

分利用效率、延缓深层根系衰老、提高冬小麦产量、建立深层灌溉理论与推广
提供支持。

不同年份不同处理下冬小麦各生育期的分层根系活力值如图 4.22 和图 4.23
所示。

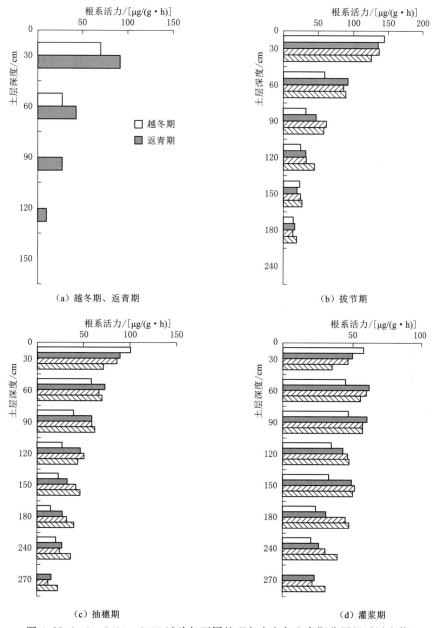

（a）越冬期、返青期　　　　　　　　　　　（b）拔节期

（c）抽穗期　　　　　　　　　　　　　　（d）灌浆期

图 4.22（一）　2014—2015 试验年不同处理冬小麦各生育期分层根系活力值

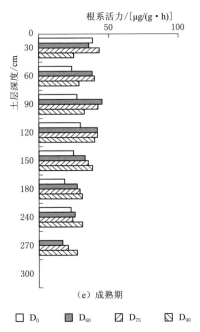

（e）成熟期

□ D_0　■ D_{60}　▨ D_{75}　▧ D_{90}

图 4.22（二）　2014—2015 试验年不同处理冬小麦各生育期分层根系活力值

由图 4.22 和图 4.23 可知，2014—2015 年和 2015—2016 年冬小麦生育期内上层根系的根系活力值比深层根系活力值大。随着生育期的推进，冬小麦根系

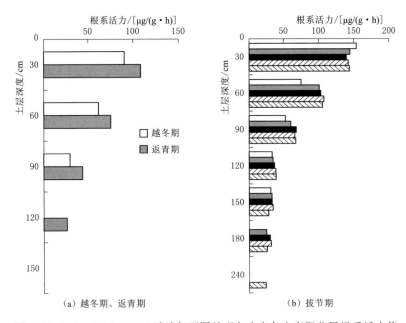

（a）越冬期、返青期　　　　　　　　　（b）拔节期

图 4.23（一）　2015—2016 试验年不同处理冬小麦各生育期分层根系活力值

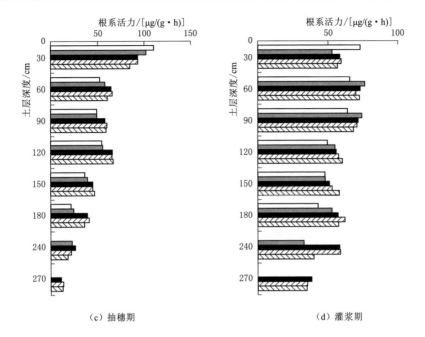

(c) 抽穗期　　　　　　　　　　(d) 灌浆期

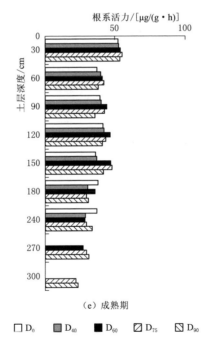

(e) 成熟期

□ D_0　■ D_{40}　■ D_{60}　◪ D_{75}　◩ D_{90}

图 4.23（二）　2015—2016 试验年不同处理冬小麦各生育期分层根系活力值

活力呈现出倒 V 形变化，即先增大后减小的变化趋势，均在拔节期达到最大值；在越冬期至抽穗期，根系活力整体上随土层深度的增加表现为从上到下逐渐降低；而灌浆期至成熟期，上层根系的根系活力较生育前期的有明显降低，而下层根系的根系活力显著增大。

对于地面灌溉处理 D_0，在全生育期内表层根系活力值始终最大；而对于深层灌溉处理 D_{40}、D_{60}、D_{75} 和 D_{90}，在灌浆期及之后，深层根系活力值显著增大，甚至超过表层根系活力值，这表明，深层灌水方式改变了地面灌溉条件下根系活力值从上到下依次递减的分布状况。这是由于处理 D_0 是地面灌水方式，表层土壤中含水量较大，故其表层根系活力值较大，而在考虑灌溉深度变化的深层灌水方式下，总灌水量不变，表层灌水量相对较少，故表层根系活力值较小，下层土壤中水分含量大，根系活力值也大，充分证明了水分对冬小麦的根系活力有较大的影响，即土壤含水量大，根系活力值高。

进一步对 2014—2015 年和 2015—2016 年冬小麦拔节至成熟期各处理对根系活力的影响进行显著性分析，结果见表 4.22 和表 4.23。

表 4.22　2014—2015 年不同处理下冬小麦生育期内各土层根系活力显著性分析

生育期	土层深度/cm	根 系 活 力/[μg/(g·h)]			
		D_0	D_{60}	D_{75}	D_{90}
拔节期	0～30	144.5051a	135.6073b	137.7451b	125.779c
	30～60	60.1218b	92.7451a	86.69584a	89.5936a
	60～90	32.73138c	47.15158b	61.8656a	58.70258a
	90～120	23.01442c	32.73138b	33.221b	45.49661a
	120～150	24.2329a	20.1234a	25.4657a	27.78994a
	150～180	15.06554b	17.0087ab	14.1634b	19.55806a
抽穗期	0～30	100.6166a	89.7696b	86.9989b	72.2455c
	30～60	58.6073b	73.4917a	67.5568ab	70.6617a
	60～90	39.7386b	59.1867a	59.1867a	62.5678a
	90～120	27.6617c	47.4109ab	50.9845a	44.3341b
	120～150	23.6788d	33.34264c	42.3853b	46.9808a
	150～180	15.2060c	28.3170b	32.8223b	40.6617a
	180～210	20.9904c	27.3693bc	25.1190bc	37.3341a
	210～240	—	15.9564ab	12.3921b	23.3084a
灌浆期	0～30	58.0798a	49.6707b	46.7272b	35.4738c
	30～60	44.8539c	62.1813a	60.0646ab	55.8677b
	60～90	47.1349b	60.5715a	57.3181a	57.3181a
	90～120	35.0784c	43.1914b	46.6982ab	47.6142a
	120～150	33.5578b	49.5013a	51.3318a	50.0784a

生育期	土层深度/cm	根 系 活 力/[μg/(g·h)]			
		D_0	D_{60}	D_{75}	D_{90}
灌浆期	150~180	23.9517c	31.3883b	44.9517a	47.7685a
	180~210	20.5715c	26.3043bc	30.8814bc	39.4448a
	210~240	—	23.1486ab	21.5150b	30.8814a
成熟期	0~30	38.7464a	35.8588a	43.6376a	25.4132b
	30~60	23.8608b	38.3040a	40.1920a	29.0812b
	60~90	27.5260c	45.3040a	42.6360a	32.6360b
	90~120	30.1920b	42.1561a	42.1561a	40.1920a
	120~150	24.9700b	33.0816ab	35.7488a	38.5256a
	150~180	18.8588b	27.5272a	29.4148a	31.1924a
	180~210	23.3040b	25.8588ab	24.3044b	31.1924a
	210~240	—	16.9708b	21.1924ab	27.6372a

表 4.23 2015—2016 年不同处理冬小麦生育期内各土层根系活力显著性分析

生育期	土层深度/cm	根 系 活 力/[μg/(g·h)]				
		D_0	D_{40}	D_{60}	D_{75}	D_{90}
拔节期	0~30	153.700a	145.547b	139.921c	142.308b	143.692b
	30~60	75.547b	101.48ab	103.178a	107.788a	105.341a
	60~90	52.623b	60.372ab	68.311a	65.576a	66.960a
	90~120	33.184b	34.964b	36.927ab	38.826a	39.295a
	120~150	30.836b	32.962a	33.202a	35.027a	28.164b
	150~180	25.340b	25.085b	30.133a	32.147a	25.743b
	180~210	—	21.380b	21.900b	22.380a	22.400a
抽穗期	0~30	110.45a	102.45ab	93.127b	93.127b	85.075c
	30~60	52.569c	58.247b	64.924a	65.924a	60.681ab
	60~90	48.863b	49.376b	58.162ab	60.162a	59.310a
	90~120	54.981b	56.027b	66.679a	66.172a	67.029a
	120~150	36.296c	39.296bc	44.666b	44.666b	46.985a
	150~180	21.928c	24.348c	38.937a	40.937a	35.667b
	180~210	—	23.580c	32.120b	36.980a	20.480c
	210~240	—	22.825b	25.916a	21.516b	18.361c
	240~270	—	—	11.275b	13.184a	12.845a

生育期	土层深度/cm	根 系 活 力/[μg/(g·h)]				
		D_0	D_{40}	D_{60}	D_{75}	D_{90}
灌浆期	0～30	73.022a	53.175c	58.829b	59.556b	56.916bc
	30～60	65.679c	76.592a	72.984b	70.137bc	72.579b
	60～90	63.995c	74.405a	71.552b	70.651b	68.111bc
	90～120	49.769c	55.483b	56.316ab	58.014a	60.668a
	120～150	47.961c	48.423c	51.566b	53.035b	58.452a
	150～180	43.478c	52.968bc	57.280b	62.241a	57.720b
	180～210	30.780c	40.210b	52.120a	51.310a	50.280a
	210～240	—	32.787c	48.845a	48.112a	40.145b
	240～270	—	—	38.541a	35.483b	34.916b
成熟期	0～30	52.368b	52.838b	54.111a	55.394a	53.771ab
	30～60	37.439b	39.886ab	41.245a	42.535a	38.535b
	60～90	39.830b	40.402b	44.346a	42.828ab	35.920c
	90～120	41.616b	42.508b	46.83a	43.535b	41.096b
	120～150	36.335c	37.129c	47.111a	48.299a	42.08b
	150～180	28.102c	30.634b	36.195a	30.079b	31.196b
	180～210	26.790c	28.130b	29.090b	30.120a	31.980a
	210～240	27.199b	29.308b	28.938b	29.826b	33.886a

从表 4.22 可以看出，在 2014—2015 年冬小麦拔节期，在 0～30cm 土层中，冬小麦根系活力值达到生育期最大值，各处理间根系活力值大小顺序为 D_0＞D_{60}、D_{75}＞D_{90}，差异显著；在 30～120cm 土层中，D_{60}、D_{75}、D_{90} 的根系活力值显著大于 D_0；120～180cm 土层中，四个处理的根系活力值比较接近。在抽穗期，由于冬小麦生长中心由根部转移到地上部分，使得各处理的根系活力值出现下降，但沿土层深度变化趋势与拔节期类似，表层 0～30cm 根系活力值的大小为 D_0＞D_{60}＞D_{75}＞D_{90}，30cm 以下土层中，D_{60}、D_{75}、D_{90} 的根系活力值显著大于 D_0 的。分析灌浆期的根系活力值可以发现，各处理冬小麦表层 0～60cm 土层根系均出现衰老，尤其是 0～30cm 土层根系活力值呈大幅度下降，与抽穗期相比，D_0 的根系活力从 100.62μg/(g·h) 减小到 58.08μg/(g·h)，30～60cm 土层 D_0 的根系活力值从 58.61μg/(g·h) 减小到 44.85μg/(g·h)。但下层根系活力增大，深层灌溉处理 D_{60}、D_{75}、D_{90} 的下层根系活力值甚至超过表层根系活

力值，其中 D_{90} 最为明显，表明了深层灌溉方式能够改变根系活力的空间分布状况，显著提高土壤剖面下层的根系活力，且灌溉深度越大，深层根系活力值越大。在成熟期，由于冬小麦根系逐渐衰老，各层根系活力值均出现不同程度下降，从 $0\sim30\mathrm{cm}$ 土层到 $30\sim60\mathrm{cm}$ 土层，处理 D_0 根系活力从 $38.75\mu\mathrm{g}/(\mathrm{g}\cdot\mathrm{h})$ 减小到 $23.86\mu\mathrm{g}/(\mathrm{g}\cdot\mathrm{h})$，下降幅度较大，而深层灌溉处理 D_{60}、D_{75}、D_{90} 的根系活力无显著差异；在 $60\mathrm{cm}$ 以下土层中，深层灌溉处理 D_{60}、D_{75}、D_{90} 的根系活力值均显著大于 D_0 的，这些表明在冬小麦生育后期深层灌水方式能够起到一定的延缓根系衰老的作用，表层根系活力值下降速度减缓，使冬小麦根系整体保持较大根系活力值。

从表 4.23 可以看出，在 2015—2016 年冬小麦拔节期，在 $0\sim30\mathrm{cm}$ 土层中，冬小麦根系活力值达到生育期最大值，各处理间根系活力值大小顺序为 $D_0>$ D_{40}、D_{90}、$D_{75}>D_{60}$，差异显著；在 $30\sim120\mathrm{cm}$ 土层中，D_{60}、D_{75}、D_{90} 的根系活力值显著大于 D_{40} 和 D_0；$120\sim180\mathrm{cm}$ 土层中，D_{90} 的根系活力值下降，各处理间根系活力值大小顺序为 D_{75}、$D_{60}>D_{90}$、$D_{40}>D_0$。在抽穗期，各处理的根系活力值出现下降，但沿土层深度变化趋势与拔节期类似，表层 $0\sim30\mathrm{cm}$ 根系活力值的大小为 $D_0>D_{40}>D_{75}$、$D_{60}>D_{90}$，$30\sim150\mathrm{cm}$ 以下土层中，D_{60}、D_{75}、D_{90} 的根系活力值显著大于 D_{40} 和 D_0，$150\sim240\mathrm{cm}$ 土层中，D_{90} 的根系活力值下降，各处理间根系活力值大小顺序为 D_{75}、$D_{60}>D_{90}$、$D_{40}>D_0$。分析灌浆期的根系活力值可以发现，各处理冬小麦表层 $0\sim30\mathrm{cm}$ 土层根系活力值呈大幅度下降，与抽穗期相比，D_0、D_{40}、D_{60}、D_{75}、D_{90} 根系活力值分别降低了 $37.43\mu\mathrm{g}/(\mathrm{g}\cdot\mathrm{h})$、$49.28\mu\mathrm{g}/(\mathrm{g}\cdot\mathrm{h})$、$34.30\mu\mathrm{g}/(\mathrm{g}\cdot\mathrm{h})$、$33.57\mu\mathrm{g}/(\mathrm{g}\cdot\mathrm{h})$、$28.16\mu\mathrm{g}/(\mathrm{g}\cdot\mathrm{h})$，说明各处理的表层根系有不同程度的衰老。但 $30\mathrm{cm}$ 以下土层根系活力增大，深层灌溉处理 D_{40}、D_{60}、D_{75}、D_{90} 的下层根系活力值甚至超过表层根系活力值，D_{60}、D_{75} 更为明显，表明了深层灌溉方式改变了根系活力的空间分布状况，显著提高了土壤剖面下层的根系活力。在成熟期，由于冬小麦根系逐渐衰老，各层根系活力值较灌浆期均出现不同程度下降，在 $0\sim30\mathrm{cm}$ 土层，D_0 根系活力从 $73.02\mu\mathrm{g}/(\mathrm{g}\cdot\mathrm{h})$ 减小到 $52.37\mu\mathrm{g}/(\mathrm{g}\cdot\mathrm{h})$，下降幅度较大，而深层灌溉处理 D_{40}、D_{60}、D_{75}、D_{90} 的根系活力最大降幅为 $4.72\mu\mathrm{g}/(\mathrm{g}\cdot\mathrm{h})$，变化较小；整体上看，根系活力值大小顺序为深层灌溉处理 D_{75}、$D_{60}>D_{90}$、$D_{40}>D_0$，表明在冬小麦生育后期深层灌水方式对延缓根系衰老具有一定的作用，表层根系活力值下降速度减缓，使冬小麦根系整体保持较大根系活力值。

4.3.5 冬小麦根系吸水深度与根系生长、土壤水分的相关性分析

图 4.24 D_0 处理下冬小麦的根长密度（RLD）、土壤含水率（SWC）和土壤水贡献率（WUC）分布图。图 4.25～图 4.27 分别为 D_{60}、D_{75} 和 D_{90} 处理下冬小

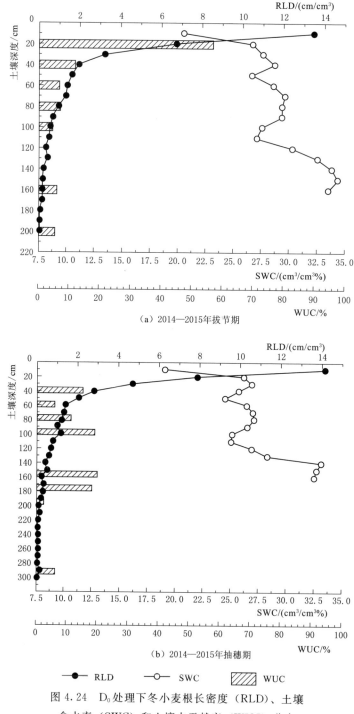

（a）2014—2015年拔节期

（b）2014—2015年抽穗期

━●━ RLD　　━○━ SWC　　▨ WUC

图 4.24　D₀处理下冬小麦根长密度（RLD）、土壤
含水率（SWC）和土壤水贡献率（WUC）分布

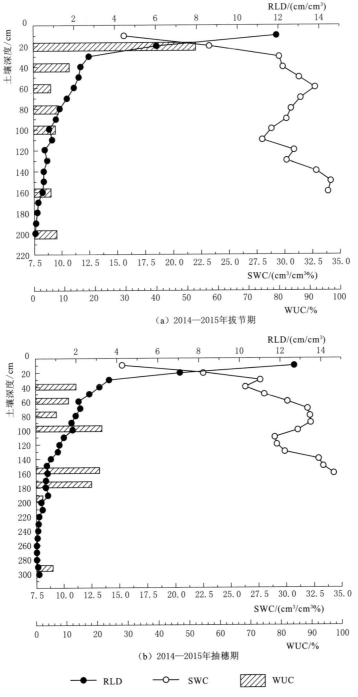

(a) 2014—2015年拔节期

(b) 2014—2015年抽穗期

●── RLD   ○── SWC   ▨ WUC

图 4.25 D$_{60}$处理下冬小麦 RLD、SWC 和 WUC 分布

185

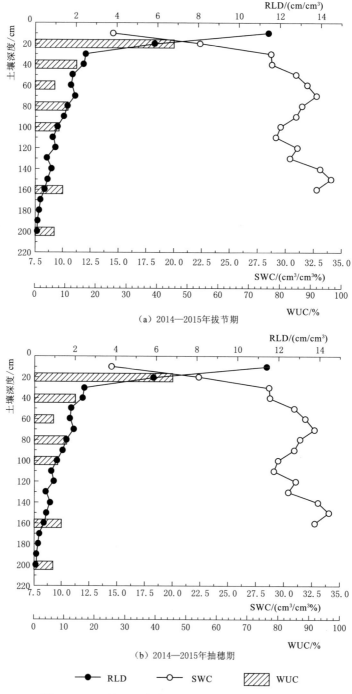

（a）2014—2015年拔节期

（b）2014—2015年抽穗期

● RLD　　○ SWC　　▨ WUC

图 4.26　D₇₅ 处理下冬小麦 RLD、SWC 和 WUC 分布

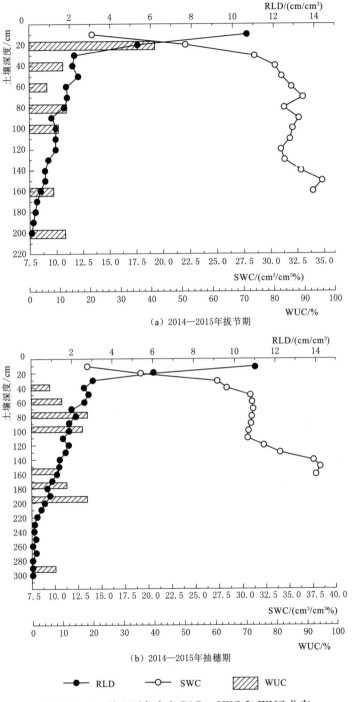

（a）2014—2015年拔节期

（b）2014—2015年抽穗期

━●━ RLD ━○━ SWC ▨ WUC

图 4.27 D₉₀处理下冬小麦 RLD、SWC 和 WUC 分布

麦 RLD、SWC 和 WUC 分布图。由前文对根系分布的拟合可知，根系生长呈指数函数变化，随土层的增加而减少，而基于氢氧稳定同位素技术得出的冬小麦根系吸水深度，并不完全随着土层深度的增加而减少，相反在某些生育期如抽穗期，会出现深层水分贡献率远大于表层的现象。同时，土壤含水率的变化却基本呈现表层含水率小，而深层含水率大。

因此，有必要探讨基于水稳定同位素技术测定的根系吸水深度与根系生长、土壤水分的相关性。本节利用 IsoSource 模型分析得出的不同处理下各土层对冬小麦利用的平均水分贡献率，与各层土壤根长密度以及土壤含水率变化情况进行相关性分析，结果见表 4.24。

表 4.24　各层土壤水分贡献率与根长密度、土壤水分变化的相关性分析

变量	SWC	RLD	WUC
SWC	1	0.252	0.395
RLD		1	0.368
WUC			1

注　SWC—土壤水分变化；RLD—根长密度；WUC—水分贡献率，$P<0.05$。

表 4.25　冬小麦土壤水分和根系生长对水分贡献率的通径分析

自变量	直接作用	间接作用	决定系数
SWC	0.323	0.072	0.151
RLD	0.287	0.081	0.125

由表 4.24 可知，各层土壤水分贡献率与根长密度、土壤水分变化呈显著正相关（$P<0.05$），但相关系数并不高。进一步进行通径分析，由表 4.25 可知，土壤水分对水分贡献率的影响相对较大，但二者决定系数均较小，说明在分析根系吸水深度中，除了根系分布与土壤水分状况以外，其他能够影响作物吸水的因素如根系活力、养分分布、气候变化、灌溉方式以及种间竞争等也应加以考虑。

4.4　结论

（1）基于水稳定同位素技术，量化了不同灌溉深度下冬小麦吸水深度变化。基于直接推断法和 IsoSource 模型分析得出，冬小麦在整个生育期根系吸水深度主要集中于 0～40cm，但在抽穗和灌浆期的需水敏感期，冬小麦对深层土壤水的依赖加深，深层土壤水分的供给对冬小麦生长发育非常重要。不同灌溉深度处理对冬小麦根系吸水深度的影响，主要体现在提高了深层土壤水分的吸收利用，尤其是灌溉深度为根系分布深度的 75% 和 90%，在抽穗和灌浆期对冬小麦根系吸水深度影响显著。

（2）阐明了不同灌溉深度下冬小麦土壤水分动态变化规律。不同灌溉深度条件下，冬小麦根区 0~300cm 各土层土壤水分动态变化幅度都较明显，灌溉深度越大土壤水分动态变化越明显。整体上，在 0~160cm 土层深度，土壤含水率随着土层深度的增加呈现出先增大（在 40~60cm 时出现峰值），之后逐渐减小（在 100~120cm 时出现谷值），随后再逐渐增大（在 160cm 处达最大值）的趋势，在 160~300cm 土层深度，土壤含水率波动有增大的趋势；相同灌水量条件下，地面灌溉的表层土壤含水量均高于深层灌水处理，而表层以下则相反。灌溉深度越大，土壤剖面深层含水量越高。两年试验期间，从冬小麦拔节期至成熟期，深层灌溉处理与地面灌溉处理间土壤剖面水分分布差异显著。

（3）明确了不同灌溉深度对冬小麦根系生长的影响机制。随着灌溉深度的增大，冬小麦根系的下扎深度越大，总根长及总干重有不同程度的增加；但在生育后期，并不是灌溉深度越大根系生长越好，灌溉深度过大反而会对根系的生长产生不利影响，使得总根长和总根重降低。不同灌溉深度下，冬小麦根长密度垂向分布呈指数形式 $RLD(z)=ae^{-b\times|z-c|}$；考虑各处理冬小麦根长密度随生育期和土层深度的变化而变化，建立了根长密度的二因素函数 $RLD(z,t)=ae^{-b|z-c|}e^{-b|t-f|}$。相比地面灌水方式，深层灌溉方式改变了根系活力的空间分布状况，显著提高了土壤剖面下层的根系活力。适当的深度灌水方式在生育后期有利于延缓冬小麦的衰老进程，减缓上层根系活力值下降速度，使冬小麦根系整体保持较大根系活力值，并以灌溉深度为根系分布深度的 75% 为最佳。

（4）建立了土壤水分贡献率与根系生长、土壤水分状况间的相互关系。通过相关性分析和通径分析得出，冬小麦根系吸水与根系生长、土壤水分状况有一定相关性，但不能完全依靠这两个因素进行分析，从生理角度入手才会使结果更为准确，因此，采用水稳定同位素的方法分析作物根系吸水特性具有较强的应用性。

参 考 文 献

[1] ABRISQUETA J M, MOUNZER O, ALVAREZ S, et al. Root dynamics of peach trees submitted to partial root zone drying and continuous deficit irrigation [J]. Agricultural Water Management, 2008, 95 (8): 959 - 967.

[2] AN HS, LUO FX, WU T, et al. Dwarfing effect of apple rootstocks is intimately associated with low number of fine roots [J]. Hortscience, 2017, 52: 503 - 512.

[3] BAKHSHANDEH S, KERTESZ M A, CORNEO P E, et al. Dual-labeling with ^{15}N and H_2 ^{18}O to investigate water and N uptake of wheat under different water regimes [J]. Plant and Soil, 2016, 408 (1): 1 - 13.

[4] BARBETA A, PENUELAS J. Relative contribution of groundwater to plant transpiration estimated with stable isotopes [J]. Scientific Reports, 2017, 7: 10580.

[5] BESHARAT S, NAZEMI A H, SADRADDINI A A. Parametric modeling of root length density and root water uptake in unsaturated soil [J]. Turkish Journal of Agriculture and Forestry, 2010, 34 (5): 439 - 449.

[6] BEYER M, KOENIGER P, GAJ M, et al. A deuterium-based labeling technique for the investigation of rooting depths, water uptake dynamics and unsaturated zone water transport in semiarid environments [J]. Journal of Hydrology, 2016, 533: 627 - 643

[7] BEYER M, KUHNHAMMER K, DUBBERT M. In situ measurements of soil and plant water isotopes: a review of approaches, practical considerations and a vision for the future [J]. Hydrology and Earth System Sciences, 2020, 24 (9): 4413 - 4440.

[8] BRINKMANN N, EUGSTER W, BUCHMANN N, et al. Species-specific differences in water uptake depth of mature temperature trees vary with water availability in the soil [J]. Plant Biology, 2019, 21 (1): 72 - 81.

[9] CAHILL J F, MCNICKLE G G, HAAG J J, et al. Plants integrate information about nutrients and neighbors [J]. Science, 2010, 328 (5986): 1657 - 1657.

[10] CARVALHO P, AZAM-Ali S, FOULKES M J. Quantifying relationships between rooting traits and water uptake under drought in Mediterranean barley and durum wheat [J]. Journal of Integrative Plant Biology, 2014, 56: 455 - 469.

[11] CHEN J S, GAO Y, WANG X P, et al. Seasonal variation in water uptake depth of Jujube estimated with stable isotopes: Comparative study of drip and basin Irrigation [J]. Journal of Soil Science and Plant Nutrition, 2021.

[12] CUI J P, TIAN L D, GERLEIN-Safdi C, et al. The influence of memory, sample size effects, and filter paper material on online laser-based plant and soil water isotope measurements [J]. Rapid Communications in Mass Spectrometry, 2017, 31 (6): 509 - 522.

[13] CUI J P, TIAN L D. Temperature issues in online extraction of water from plant and soil for stable isotope analysis [J]. Rapid Communications in Mass Spectrometry, 2020, 34

(10): e8750.

[14] CUI Y Q, MA J Y, FENG Q, et al. Water sources and water use efficiency of desert plants in different habitats in Dunhuang, NW China [J]. Ecological Research, 2017, 32 (2): 243 – 258.

[15] DAVIES B E, DAVIES R I. A Simple centrifugation method for obtaining small samples of soil solution [J]. Nature, 1963, 198 (487): 216 – 217.

[16] DAWSON T E, MAMBELLI S, PLAMBOECK A H, et al. Stable isotopes in plant ecology [J]. Annual Review of Ecology and Systematics, 2002, 33: 507 – 559.

[17] EISSENSTAT D M, NEILSEN D, NEILSEN G H, et al. Above and belowground responses to shifts in soil moisture in bearing apple trees [J]. Hortscience, 2018, 53 (10): 1500 – 1506.

[18] ELLSWORTH P Z, STERNBERG L S L. Seasonal water use by deciduous and evergreen woody species in a scrub community is based on water availability and root distribution [J]. Ecohydrology, 2015, 8 (4): 538 – 551.

[19] ELLSWORTH P Z, WILLIAMS D G. Hydrogen isotope fractionation during water uptake by woody xerophytes [J]. Plant and Soil, 2007, 291: 93 – 107.

[20] FAN J L, MCCONKEY B, Wang H, et al. Root distribution by depth for temperate agricultural crops [J]. Field Crops Research, 2016, 189: 68 – 74.

[21] GAO P, WANG B, ZHANG G C. Influence of sub-surface irrigation on soil conditions and water irrigation efficiency in a cherry orchard in a hilly semi-arid area of northern China [J]. PLOS ONE, 2013, 8 (9): e73570.

[22] GAT J R. Oxygen and hydrogen isotopes in the hydrologic cycle [J]. Annual Review of Earth and Planetary Sciences, 2003, 24 (1): 225 – 262.

[23] GOEBEL T S, LASCANO R J. System for high throughput water extraction from soil material for stable isotope analysis of water [J]. Journal of Analytical Sciences, Methods and Instrumentation, 2012, 2: 203 – 207.

[24] GOLDSMITH G R, ALLEN S T, BRAUN S, et al. Spatial variation in throughfall, soil, and plant water isotopes in a temperate forest [J]. Ecohydrology, 2019, 12 (2): e2059.

[25] GREEN S, CLOTHIER B. The root zone dynamics of water uptake by a mature apple tree [J]. Plant and Soil, 1999, 206: 61 – 77.

[26] GRONING M. Improved water $\delta^2 H$ and $\delta^{18} O$ calibration and calculation of measurement uncertainty using a simple software tool [J]. Rapid Communications in Mass Spectrometry, 2011, 25 (19): 2711 – 2720.

[27] GUO F, MA J J, ZHENG L J, et al. Estimating distribution of water uptake with depth of winter wheat by hydrogen and oxygen stable isotopes under different irrigation depths [J]. Journal of Integrative Agriculture, 2016, 15 (4): 891 – 906.

[28] GUO X H, SUN X H, MA J J, et al. Simulation of the water dynamics and root water uptake of winter wheat in irrigation at different soil depths [J]. Water, 2018, 10 (8): 1033.

[29] HE J N, SHI Y, ZHAO J Y, et al. Strip rotary tillage with a two-year subsoiling

interval enhances root growth and yield in wheat [J]. Scientific Reports, 2019, 9: 11678.

[30] HUANG D, CHEN J, ZHAN L, et al. Evaporation from sand and Loess soils: An experimental approach [J]. Transport in Porous Media, 2016, 113 (3): 639 – 651.

[31] HUO G P, ZHAO X N, GAO X D, et al. Seasonal water use patterns of rainfed jujube trees in stands of different ages under semiarid Plantations in China [J]. Agriculture Ecosystems and Environment, 2018, 265: 392 – 401.

[32] IGNATEV A, VELIVETCKAIA T, SUGIMOTO A, et al. A soil water distillation technique using He-purging for stable isotope analysis [J]. Journal of Hydrology, 2013, 498 (16): 265 – 273.

[33] JIA G D, YU X X, DENG W P, et al. Determination of minimum extraction times for water of plants and soils used in isotopic analysis [J]. Journal of Food Agriculture and Environment, 2012, 10 (3 – 4): 1034 – 1040.

[34] KARANDISH F, SHAJNAZARI A. Soil temperature and maize nitrogen uptake improvement under partial root-zone drying irrigation [J]. Pedosphere, 2016, 26: 872 – 886.

[35] KIRKEGAARD J A, LILLEY J M, HOWE G N et al. Impact of subsoil water use on wheat yield [J]. Australian Journal of Agricultural Research, 2007, 58: 303 – 315.

[36] KLEMENT A, FER M, NOVOTNÁ S, et al. Root distributions in a laboratory box evaluated using two different techniques (gravimetric and image processing) and their impact on root water uptake simulated with HYDRUS [J]. Journal of Hydrology and Hydromechanics, 2016, 64 (2): 196 – 208.

[37] KOENIGER P, MARSHALL J D, LINK T, et al. An inexpensive, fast, and reliable method for vacuum extraction of soil and plant water for stable isotope analyses by mass spectrometry [J]. Rapid Communications in Mass Spectrometry, 2011, 25 (20): 3041 – 3048.

[38] KULMATISKI A, BEAED K H. Woody plant encroachment facilitated by increased precipitation intensity [J]. Nature Climate Change, 2013, 3 (9): 833 – 837.

[39] KULMATISKI A, VERWEIJ R J T, February E C. A depth-controlled tracer technique measures vertical, horizontal and temporal patterns of water use by trees and grasses in a subtropical savanna [J]. New Phytologist, 2010, 188 (1): 199 – 209.

[40] LI B Z, WANG J F, REN X F, et al. Root growth, yield and fruit quality of Red Fuji apple trees in relation to planting depth of dwarfing interstock on the Loess Plateau [J]. European Journal of Horticultural Science, 2015, 80 (3): 109 – 116.

[41] LI S G, ROMERO-Saltos H, TSUJIMURA M, et al. Plant water sources in the cold semiarid ecosystem of the upper kherlen river catchment in mongolia: a stable isotope approach [J]. Journal of Hydrology, 2007, 333 (1): 109 – 117.

[42] LIU C W, DU T S, LI F S, et al. Trunk sap flow characteristics during two growth stages of apple tree and its relationships with affecting factors in an arid region of northwest China [J]. Agricultural Water Management, 2012, 104: 193 – 202.

[43] LIU S B, CHEN Y N, CHEN Y P, et al. Use of ^{2}H and ^{18}O stable isotopes to investigate water sources for different ages of Populus euphratica along the lower Heihe River

[J]. Ecological Research, 2015, 30 (4): 581 - 587.

[44] LIU S Z, ZHANG Q, LIU J, et al. Effect of partial root-zone irrigating deuterium oxide on the properties of water transportation and distribution in young apple trees [J]. Journal of Integrative Agriculture, 2014, 13 (6): 1268 - 1275.

[45] LIU Y H, XU Z, DUFFY R, et al. Analyzing relationships among water uptake patterns, rootlet biomass distribution and soil water content profile in a subalpine shrubland using water isotopes [J]. European Journal of Soil Biology, 2011, 47 (6): 380 - 386.

[46] LIU Z, MA F Y, HU T X, et al. Using stable isotopes to quantify water uptake from different soil layers and water use efficiency of wheat under long-term tillage and straw return practices [J]. Agricultural Water Management, 2020, 229, 105933.

[47] LU G H, SONG J Q, BAI W B, et al. Effects of different irrigation methods on micro-environment and root distribution in winter wheat fields [J]. Journal of Integrative Agriculture, 2015, 14 (8): 1658 - 167.

[48] MA Y, WU Y L, SONG X F. How Elevated CO_2 Shifts Root Water Uptake Pattern of Crop? Lessons from Climate Chamber Experiments and Isotopic Tracing Technique [J]. Water, 2020, 12 (11): 3194.

[49] MAO L L, LI Y Z, HAO W P, et al. A new method to estimate soil water infiltration based on a modified Green-Ampt model [J]. Soil and Tillage Research, 2016, 161: 31 - 37.

[50] MARTINE S. H and O stable isotope compositions of different soil water types-effect of soil properties [D]. 2014, Swedish University of Agricultural Sciences, Uppsala, Sweden, Master's Programme.

[51] MILLAR C, PRATT D, SCHNEIDER D J, et al. A comparison of extraction systems for plant water stable isotope analysis [J]. Rapid Communications in Mass Spectrometry, 2018, 32 (13): 1031 - 1044.

[52] MUCHOW R C, CARBERRY P S. Environmental control of phenology and leaf growth in a tropically adapted maize [J]. Field Crops Research, 1989, 20 (3): 221 - 236.

[53] NEWBERRY S L, PRECHSL U E, PACE M, et al. Tightly bound soil water introduces isotopic memory effects on mobile and extractable soil water pools [J]. Isotopes in Environmental and Health Studies, 2017, 53 (4): 368 - 381.

[54] OERTER E J, BOWEN G J. Spatio-temporal heterogeneity in soil water stable isotopic composition and its ecohydrologic implications in semiarid ecosystems [J]. Hydrological Processes, 2019, 33 (12): 1724 - 1738.

[55] ORLOWSKI N, FREDE H G, Brüggemann N, et al. Validation and application of a cryogenic vacuum extraction system for soil and plant water extraction for isotope analysis [J]. Journal of Sensors and Sensor Systems, 2013, 2 (2): 179 - 193.

[56] PARNELLI A C, INGER R, BEARHOP S, et al. Source partitioning using stable isotopes: coping with too much variation [J]. PLOS ONE, 2010, 5 (3): e9672.

[57] PASK A J D, REYNOLDS M P. Breeding for yield potential has increased deep soil water extraction capacity in irrigated wheat [J]. Crop Science, 2013, 53 (5): 2090 - 2104.

[58] PENNA D, STENNI B, SANDA M, et al. Evaluation of between-sample memory effects

in the analysis of $\delta^2 H$ and $\delta^{18} O$ of water samples measured by laser spectroscopes [J]. Hydrology and Earth System Sciences, 2012, 16 (10): 3925 – 3933.

[59] PENNA D, ZANOTELLI D, SCANDELLARI F, et al. Water uptake of apple trees in the Alps: Where does irrigation water go? [J]. Ecohydrology, 2021, 14 (6): e2306.

[60] PHILLIPS D L, GREGG J W. Source partitioning using stable isotopes: coping with too many sources [J]. Oecologia, 2003, 136 (2): 261 – 269.

[61] PHILLIPS D L, NEWSOME S D, GREGG J W. Combining sources in stable isotope mixing models: alternative methods [J]. Oecologia, 2005, 144 (4): 520 – 527.

[62] ROMERO-Saltos H, STERNBERG L S, MOREIRA M Z, et al. Rainfall exclusion in an eastern Amazonian forest alters soil water movement and depth of water uptake [J]. American Journal of Botany, 2005, 92 (3): 443 – 55.

[63] ROTHFUSS Y, JAVAUS M. Reviews and syntheses: Isotopic approaches to quantify root water uptake: a review and comparison of methods [J]. Biogeosciences, 2017, 14 (8): 2199 – 2224.

[64] SCHWINNING S, DAVIS K, RICHARDSON L, et al. Deuterium enriched irrigation indicates different forms of rain use in shrub/grass species of the Colorado Plateau [J]. Oecologia, 2002, 130 (3): 345 – 355.

[65] SHEN Y F, ZHANG Y, LI S Q. Nutrient effects on diurnal variation and magnitude of hydraulic lift in winter wheat [J]. Agricultural Water Management, 2011, 98: 1589 – 1594.

[66] STAHL C, HERAULT B, ROSSI V, et al. Depth of soil water uptake by tropical rainforest trees during dry periods: does tree dimension matter ? [J]. Oecologia, 2013 , 173 (4): 1191 – 1201.

[67] STERNBERG L D L, BUCCI S, FRANCO A, et al. Long range lateral root activity by neo-tropical savanna trees [J]. Plant and Soil, 2004, 270: 169 – 178.

[68] SUMAN S, RAINA J N. Efficient use of water and nutrients through drip and mulch in apple [J]. Journal of Plant Nutrition, 2014, 37 (12): 2036 – 2049.

[69] TANG Y K, WU X, CHEN Y M, et al. Water use strategies for two dominant tree species in pure and mixed plantations of the semiarid Chinese Loess Plateau [J]. Ecohydrology, 2018, 11 (4): e1943.

[70] TREYDTE K, BODA S, PANNATIER E G, et al. Seasonal transfer of oxygen isotopes from precipitation and soil to the tree ring: source water versus needle water enrichment [J]. New Phyologist, 2014, 202 (3): 772 – 783.

[71] GELDERN R, BARTH J A C. Optimization of instrument setup and post-run corrections for oxygen and hydrogen stable isotope measurements of water by isotope ratio infrared spectroscopy [J]. Limnology and Oceanography-Methods, 2012, 10: 1024 – 1036.

[72] VENDRAMINI P F, STERNBERG L D S L. A faster plant stem-water extraction method [J]. Rapid Communications in Mass Spectrometry, 2007, 21 (2): 164 – 168.

[73] VOLSCHENK, T. Evapotranspiration and crop coefficients of *Golden Delicious*/M793 apple trees in the Koue Bokkeveld [J]. Agricultural Water Management, 2017, 194: 184 – 191.

[74] VRUGT V A, HOPMANS J W, SIMUNEK J. Calibration of a two-dimensional root

water uptake model [J]. Soil Science Society of America Journal, 2001, 65: 1027 - 1037.

[75] WANG J, LU N, FU B J. Inter-comparison of stable isotope mixing models for determining plant water source partitioning [J]. Science of the Total Environment, 2019, 666: 685 - 693.

[76] WANG P, SONG X F, HAN D M, et al. A study of root water uptake of crops indicated by hydrogen and oxygen stable isotopes: a case in Shanxi province, China [J]. Agricultural Water Management, 2010, 97 (3): 475 - 482.

[77] WEN M Y, LU Y W, LI M, et al. Correction of cryogenic vacuum extraction biases and potential effects on soil water isotopes application [J]. Journal of Hydrology, 2021, 603: 127011.

[78] WEST A G, PATRICKSON S J, EHLERINGER J R. Water extraction times for plant and soil materials used in stable isotope analysis [J]. Rapid Communications in Mass Spectrometry, 2006, 20 (8): 1317 - 1321.

[79] WHITE C A, SYLVESTER-Bradley R, BERRY P M. Root length densities of UK wheat and oilseed rape crops with implications for water capture and yield [J]. Journal of Experimental Botany, 2015a, 66 (8): 2293 - 2303.

[80] WHITE J C, SMITH W K. Seasonal variation in water sources of the riparian tree species Acer negundo and Betula nigra, southern Appalachian foothills, USA [J]. Botany, 2015b, 93 (8): 519 - 528.

[81] WU Y, WANG H Z, YANG X W, et al. Soil water effect on root activity, root weight density, and grain yield in winter wheat [J]. Crop Science, 2017, 57 (1): 437 - 443.

[82] YANG B, WEN X F, SUN X M. Irrigation depth far exceeds water uptake depth in an oasis cropland in the middle reaches of Heihe river basin [J]. Scientific Reports, 2015, 5: 1 - 12.

[83] ZELEKE K T. Water use and root zone water dynamics of drip-irrigated olive (*Olea europaea L.*) under different soil water regimes [J]. New Zealand Journal of Crop and Horticultural Science, 2014, 42 (3): 217 - 232.

[84] ZHANG Y C, SHEN Y J, SUN H Y, et al. Evapotranspiration and its partitioning in an irrigated winter wheat field: A combined isotopic and micrometeorologic approach [J]. Journal of Hydrology, 2011, 408: 203 - 211.

[85] ZHANG Y P, JIANG Y, WANG B, et al. Seasonal water use by Larix principis-rupprechtii in an alpine habitat [J]. Forest Ecology and Management, 2018, 409: 47 - 55.

[86] ZHAO D, YUAN J, XU, K, et al. Selection of morphological, physiological and biochemical indices: evaluating dwarfing apple interstocks in cold climate zones [J]. New Zealand Journal of Crop and Horticultural Science. 2016, 44 (4): 291 - 311.

[87] ZHENG L J, MA J J, SUN X H, et al. Responses of photosynthesis, dry mass and carbon isotope discrimination in winter wheat to different irrigation depths [J]. Photosynthetica, 2018, 56 (4): 1437 - 1446.

[88] ZHOU X Y, ZHANG, Y Q, SHENG, Z P, et al. Did water-saving irrigation protect water resources over the past 40 years? A global analysis based on water accounting framework [J]. Agricultural water management, 2021, 106793.

［89］ ZHU J F, LIU J T, LU Z H, et al. Soil-water interacting use patterns driven by on the Chenier Island in the Yellow River Delta, China［J］. Archives of Agronomy and Soil Science, 2016, 62 (11): 1614 - 1624.

［90］ 曹亚澄. 稳定同位素示踪技术与质谱分析——在土壤、生态、环境研究中的应用［M］. 北京: 高等教育出版社, 2018.

［91］ 曾祥明, 徐宪立, 钟飞霞, 等. MixSIAR 和 IsoSource 模型解析植物水分来源的比较研究［J］. 生态学报, 2020, 40 (16): 5611 - 5619.

［92］ 陈爽. 不同灌水深度对冬小麦生长及根区水热动态影响研究［D］. 太原: 太原理工大学, 2017.

［93］ 程立平, 刘文兆. 黄土塬区几种典型土地利用类型的土壤水稳定同位素特征［J］. 应用生态学报, 2012, 23 (3): 651 - 658.

［94］ 程立平, 齐光, 李彦娇, 等. 黄土塬区旱作冬小麦土壤水分利用特征的稳定同位素分析［J］. 水土保持研究, 2021, 28 (3): 170 - 176.

［95］ 杜俊杉, 马英, 胡晓农, 等. 基于双稳定同位素和 MixSIAR 模型的冬小麦根系吸水来源研究［J］. 生态学报, 2018, 38 (18): 6611 - 6622.

［96］ 高琛稀, 刘航空, 韩明玉, 等. 矮化自根砧苹果苗木生长动态及其根系分布特征［J］. 西北农林科技大学学报 (自然科学版), 2016, 44 (5): 170 - 176.

［97］ 耿清国, 安忠民, 相场芳宪. 不同状态土壤水的采取及化学组成特性研究［J］. 生态农业研究, 1996, 4 (3): 45 - 50.

［98］ 郭飞. 蓄水坑灌下苹果树根系吸水深度与水分运移特性研究［D］. 太原: 太原理工大学, 2016.

［99］ 郭向红. 蓄水坑灌条件下果园 SPAC 系统水分运移研究［D］. 太原: 太原理工大学, 2010.

［100］ 郝锋珍, 孙西欢, 郭向红, 等. 蓄水坑灌与地面灌条件下果树吸水根系分布的对比研究［J］. 节水灌溉, 2014 (9): 5 - 8.

［101］ 黄洁. 不同灌水深度对冬小麦生长和水分利用效率的影响研究［D］. 太原: 太原理工大学, 2016.

［102］ 金德秋, 张忠起. 锌还原一封管法用于微量水中氢同位素的质谱分析［J］. 北京大学学报 (自然科学版), 1988, 24 (6): 665 - 671.

［103］ 李洪娜, 许海港, 任饴华, 等. 不同施氮水平对矮化富士苹果幼树生长、氮素利用及内源激素含量的影响［J］. 植物营养与肥料学报, 2015, 21 (5): 1304 - 1311.

［104］ 李楠. 基于稳定氧同位素的黄土丘陵区不同树龄枣树土壤水分利用研究［D］. 杨凌: 西北农林科技大学, 2018.

［105］ 李蕊, 郭向红, 孙西欢, 等. 蓄水坑灌坑深及灌水对新梢旺长期苹果幼树生长的影响［J］. 排灌机械工程学报, 2017, 35 (11): 1000 - 1007.

［106］ 林光辉. 稳定同位素生态学［M］. 北京: 高等教育出版社, 2013.

［107］ 林悦香, 尚书旗, 王东伟, 等. 矮砧密植苹果树连续开沟定距栽植机研制［J］. 农业工程学报, 2019, 1: 23 - 30.

［108］ 刘梦琪, 赵俊晔. 中国苹果产品出口现状、竞争力分析及提升对策［J］. 中国食物与营养, 2018, 24 (6): 47 - 51.

［109］ 刘学军, 赵紫娟, 巨晓棠, 等. 基施氮肥对冬小麦产量、氮肥利用率及氮平衡的影响

[J]. 生态学报，2002（7）：1122 - 1128.

[110] 刘仲秋，徐杭杭，张浩男，等. 推迟灌拔节水条件下种植模式对冬小麦抗倒伏特性和产量的影响 [J]. 农业工程学报，2021，37（1）：101 - 107.

[111] 马斌. 氢氧稳定同位素指示水体分馏与降水入渗补给研究 [D]. 北京：中国地质大学，2017.

[112] 马浩天，甄志磊，武小钢. 汾河源头水源稳定同位素特征及水源解析 [J/OL]. 环境化学：1 - 11 [2021 - 11 - 30].

[113] 马娟娟，郑利剑，孙西欢，等. 蓄水坑灌法研究进展 [J]. 太原理工大学学报，2017，48（3）：427 - 434.

[114] 马青荣，刘荣花，胡程达，等. 干旱及灌溉对冬小麦根系和产量的影响研究 [J]. 气象，2020，46（7）：971 - 981.

[115] 马涛，刘九夫，张建云，等. 氢氧同位素测试分析的记忆效应及标定研究 [J]. 水文，2015，35（1）：26 - 32，67.

[116] 马雪宁，张明军，李亚举，等. 土壤水稳定同位素研究进展 [J]. 土壤，2012，44（4）：554 - 561.

[117] 沈玉芳，李世清. 施肥深度对不同水分条件下冬小麦根系特征及提水作用的影响 [J]. 西北农林科技大学学报（自然科学版），2019，47（4）：65 - 73.

[118] 宋小林. 黄土高原雨水集聚深层入渗技术试验研究 [D]. 杨凌：西北农林科技大学，2017.

[119] 孙江，饶文波，孙雪，等. 新型沙漠土壤水分真空抽提装置的研制与应用 [J]. 岩矿测试，2012，31（5）：842 - 848.

[120] 孙江，饶文波，孙雪，等. 新型沙漠土壤水分真空抽提装置的研制与应用 [J]. 岩矿测试，2012，31（5）：842 - 848.

[121] 檀康达，王仕琴，郑文波. 基于卫星降水产品的华北北纬 38°带降水氢氧同位素时空特征及水汽来源 [J]. 应用生态学报，2021，32（6）：1951 - 1962.

[122] 汤显辉，陈永乐，李芳，等. 水同位素分析与生态系统过程示踪：技术、应用以及未来挑战 [J]. 植物生态学报，2020，44：350 - 359.

[123] 童德中，周焕经，田素青，等. 苹果幼树冬春水分变化与越冬抽条的关系 [J]. 山西农业科学，1982（10）：6 - 11.

[124] 王璞. 不同深度灌水条件下冬小麦生长与根系吸水模型研究 [D]. 太原：太原理工大学，2018.

[125] 王绍飞. 黄土丘陵区盛果期苹果树土壤水分利用来源研究 [D]. 杨凌：西北农林科技大学，2018.

[126] 王树丽，贺明荣，代兴龙，等. 种植密度对冬小麦根系时空分布和氮素利用效率的影响 [J]. 应用生态学报，2012，7：1839 - 1845.

[127] 王涛，包为民，陈翔，等. 真空蒸馏技术提取土壤水实验研究 [J]，河海大学学报自然科学版，2009，37（6）：660 - 664.

[128] 王秀娟，陕西苹果生产与出口贸易研究 [D]. 杨凌：西北农林科技大学，2012.

[129] 吴友杰. 基于稳定同位素的覆膜灌溉农田 SPAC 水分传输机制与模拟 [D]. 北京：中国农业大学，2017.

[130] 肖俊夫，刘战东，段爱旺，等. 不同土壤水分条件下小麦根系分布规律及其耗水特

性研究 [J]. 中国农村水利水电，2007（8）：18－21.

[131] 许景辉，刘政光，周宇博. 基于 IBAS－BP 算法的冬小麦根系土壤含水率预测模型 [J]. 农业机械学报，2021，52（2）：294－299.

[132] 杨斌. 氢氧稳定同位素在植物水分溯源及蒸散组分区分研究中的应用——以中亚热带人工林和黑河中游绿洲农田为例 [D]. 北京：中国科学院大学，2016.

[133] 杨红斌. 氢氧稳定同位素在半干旱地区包气带中的分馏机制 [D]. 西安：西安科技大学，2014.

[134] 张丛志，张佳宝，张辉，等. 共沸蒸馏法在植物水分和土壤水分提取中的应用 [J]. 灌溉排水学报，2008（4）：10－13.

[135] 张丛志，张佳宝，张辉. 不同深度土壤水分对黄淮海封丘地区小麦的贡献 [J]. 土壤学报，2012，49（4）：655－664.

[136] 张军，李晓萍，陈新宏，等. 长期土壤干旱下扬花期冬小麦部分生理生化反应及抗旱性分析 [J]. 麦类作物学报，2014，34（6）：765－773.

[137] 张小娟，宋维峰，王卓娟. 应用氢氧同位素技术研究土壤水的原理与方法 [J]. 亚热带水土保持，2015（1）：32－36.

[138] 张宇，张明军，王圣杰，等. 基于稳定氧同位素确定植物水分来源不同方法的比较 [J]. 生态学杂志，2020，39（4）：1356－1368.

[139] 赵运革. 不同灌水处理条件下蓄水坑灌苹果树根系分布与土壤水分动态研究 [D]. 太原：太原理工大学，2017.

[140] 郑利剑，马娟娟，郭飞，等. 蓄水坑灌下矮砧苹果园水分监测点位置研究 [J]. 农业机械学报，2015，46（10）：160－166.

责任编辑：周玉枝

微信号：Waterpub-Pro

唯一官方微信服务平台

销售分类：水利水电

ISBN 978-7-5226-0605-7

9 787522 606057 >

定价：68.00 元